# コンピュータの基礎

## [第3版]

田中 清／本郷 健 共著

ムイスリ出版

# はしがき

本書は2003年に初版が発行され2008年に第2版に改訂された「コンピュータの基礎」を再度改訂した第3版です。前回改訂から13年が経過し、コンピュータやその利用環境は大きく変化しました。スマートフォンが日常的に使われるようになり、コンピュータを使わない日はないぐらいコンピュータが生活に溶け込んでいます。本改訂では、コンピュータに関する基礎技術を押さえつつ、最新の技術を盛り込みました。旧版の読者にも合わせてお読み頂けると幸いです。

なお、本書の初版、第2版の著者である大妻女子大学名誉教授の故 村上弘幸先生には本書作成の礎を築いて頂きました。心より感謝を申し上げます。

2021年2月

著者記す

日常生活で使用している炊飯器、電子レンジ、CDプレーヤー、電話機、ゲーム機などの電化製品には小型化したコンピュータが組み込まれていて、私たちは何気なくコンピュータを利用しています。また文書作成、表計算、データベースなどの利用や給与計算、顧客管理、在庫管理などの業務上での利用、さらにはインターネットやオンラインサービスなどのネットワークを介しての利用、あるいは予約サービスシステム、金融関連システム、カードシステムなどシステムとしての利用など、日常生活や社会生活のありとあらゆる場面でコンピュータを利用しています。コンピュータは私たちの生活には不可欠の存在になっています。

本書では、さまざまな情報をディジタル化して、コンピュータで処理する基本的な考え方を学び、コンピュータがどのような要素から構成されているか、コンピュータがどのように作動するか、コンピュータを動かすソフトウエアにはどのような働きがあるか、通信やネットワークの手段を使ってコンピュータはどのように利用されているか、日常生活や社会生活の中でコンピュータはどのような形で利用が可能かなど、コンピュータ全体にわたって概観することをねらいにしています。

本書によって、コンピュータの技術的な面についての理解と、コンピュータ利用の面からの理解を深められたら幸いです。

2008年2月

著者記す

# 目 次

# 第1章 コンピュータとは

ここでは、コンピュータの進化の歴史、コンピュータを構成するハードウエア、コンピュータを動かすソフトウエア、コンピュータの種類と主な用途について概観します。

## 1.1 コンピュータはどのように進化したのでしょうか

コンピュータ（computer）は計算する（compute）という意味の英語の動詞に er が付いた名詞で、計算するもの（物、者）という意味です。日本語では計算機（電子計算機）と訳されています。電子式の計算機が発明される前は、計算する道具として古くは計算具や機械式の計算機が使われていました。現在のコンピュータに至るまでの経緯を表 1.1 に記します。

表 1.1　コンピュータの進化の歴史

| 世代 | 年代 | 計算機の種類 | 開発者 | 特徴 |
|---|---|---|---|---|
| 計算具 | BC1000 | アバカス（Abacus） | 中央アジア | サラミス島に現存する世界最古の計算具。 |
| | 古代 | 算木（さんぎ） | | |
| | 中国 | 算盤（さんばん） | | |
| | 後漢（25～220） | そろばん | | |
| | 1617 | ネピアの骨 | ネピア(J. Napier) | 乗除算を加減算で行うことを原理とする計算具。 |
| 歯車世代 | 1623 | 計算機械 | シッカルト（ドイツ）(W. Schickard) | ネピアの骨に歯車を利用した最古の計算機械。 |
| | 1642 | パスカリーヌ | パスカル（フランス）(B. Pascal) | 桁上り構造を持つピン歯車式加減乗除算機。 |
| | 1671 | ライプニッツの計算機 | ライプニッツ（ドイツ）(G.W. Leibniz) | ステップドラムによる 10 進数の桁上り機構をもち、ハンドルを回しながら計算する。この改良機は電卓が登場する 1970 年代まで利用された。 |
| | 1801 | パンチカード | ジャカール (J.M. Jacquard) | 織機で、穴の位置で模様を織り込むためのパンチカードを自動化した。パンチカードに予め織りたい模様を記憶させる意味でプログラムの原型。 |
| | 1833 | 解析機関(アナリティカルエンジン) | バベッジ (C. Babbage) | 計算規則とデータをパンチカードで与え（プログラム内蔵方式）、それを記憶し（記憶装置）、自動的に計算を実行する（処理装置）。世界初の自動計算機の原型、完全には制作できなかった。 |

| | | | | |
|---|---|---|---|---|
| リレー式計算機世代 | 1887 | 電動会計機 | ホレリス<br>(H. Hollerith) | リレー式 PCS(Punch Card System)電動会計機。1890 年のアメリカ国勢調査に使用され、それまで 7 年かかった統計処理を 3 年以下にした。 |
| | 1892<br>1936 | 電気式計算機<br>チューリング機械 | バロース<br>アランチューリング | 計算と印刷が同時に可能な加算機。 |
| | 1939<br>1943<br>1944 | ABC　（アメリカ）<br>Colossus（イギリス）<br>MARK-Ⅰ | Atanasoff-Berry<br><br>エイケン<br>(H. H. Aiken)と IBM | 世界最初のデジタル電子計算機。<br>暗号解読のための計算機。<br>機械内部はリレー回路によって自動処理が行なわれ、演算は 1 回ごとに、ワイヤーをつなぎ換えてセットする電気機械式計算機。 |
| 第1世代 | | | | ＜回路に真空管を使用＞ |
| | 1942～<br>1946 | ENIAC（最初の電子計算機） | エッカート (J. P. Eckert) と<br>モークリー (J. W. Mauchly) | 18,800 本の真空管を用いたため、発熱がすごく、重量は 30 t を越えたが、電気式より数段高速の計算速度を実現した。アメリカ陸軍の弾道計算に用いられた。（ペンシルベニア大学） |
| | 1949 | EDSAC<br>(Electric Delay Storage Automatic Computer) | ウイルクス<br>(M. V. Wilkes) | プログラム内蔵方式といわれ、計算のための一連の動作手順を予め作成しておいて、コンピュータの記憶装置に格納しておく方式（最初のノイマン型コンピュータ）。（イギリス ケンブリッジ大学） |
| | 1950 | EDVAC<br>(Electric Discrete Variable Automatic Computer) | ノイマン<br>(Von Neuman) | ノイマン型コンピュータの完成。 |
| | | UNIVAC-I<br>(Universal Automatic Computer) | エッカート (J. P. Eckert) と<br>モークリー (J. W. Mauchly) | 商用コンピュータ の開発。（ペンシルベニア大学）<br>一般企業向けの販売開始。 |
| | 1956 | FUJIC | 岡崎文次 | 日本初の電子コンピュータ。 |
| 第2世代 | | | | ＜回路にトランジスタ、ダイオードを使用＞ |
| | 1956 | ETL MARKIII | 電子技術総合研究所 | 世界初のトランジスタ式コンピュータ。 |
| | 1958 | NEAC 2201 | 日本電気 | トランジスタ使用の商用機。 |
| | 1960 | PDP I | DEC | ミニコン。 |
| 第3世代 | | | | ＜回路に IC（Integrated Circuit）を使用＞ |
| | 1964 | IBM システム/360<br>FACOM230<br>HITAC5020<br>TOSBAC3400 | IBM<br>富士通<br>日立<br>東芝 | TSS（Time Sharing System）処理。<br>中型汎用機。汎用性、互換性。<br>日本初の大型汎用電子計算機。<br>京大と共同開発。 |
| | 1965 | NEAC 2200 シリーズ<br>HITAC8000 シリーズ | 日本電気<br>日立 | 機種間統一アーキテクチャを採用。<br>大 中型汎用機。 |

| 世代 | 年 | 機種 | メーカー | 備考 |
|---|---|---|---|---|
| 第3.5世代 | | | | ＜回路に LSI(Large Scale Integration)を使用＞ |
| | 1970 | IBM システム/370 | IBM | 仮想記憶システム。 |
| | 1971 | DIPS-1 | 電電公社（現 NTT） | データ通信用大型情報処理システム。日本電気、日立、富士通との共同開発。 |
| | 1974 | ACOS シリーズ | 日本電気、東芝 | 通商産業省補助金による共同開発（1972～76）。 |
| | | COSMO シリーズ | 三菱、沖電気 | |
| | | M シリーズ | 富士通、日立 | |
| | 1974 | i8008、i8080 | インテル | 8ビットマイクロプロセッサ。 |
| | | MC6800 | モトローラ | |
| | 1976 | FACOM $V_0$ | 富士通 | オフィスコンピュータ。 |
| | | Cray-1 | クレイリサーチ | スーパーコンピュータ。 |
| 第4世代 | | | | ＜回路に VLSI(Very Large Scale Integration)を使用＞ |
| | 1982 | FACOM VP-100、200 | 富士通 | スーパーコンピュータ。 |
| | | HITAC S-810 | 日立 | |
| | 1984 | Macintosh | Apple | |
| | | PC/AT | IBM | サードパーティ製 PC/AT 互換機（DOS/V 機）が広く普及。 |
| | 1989 | DynaBook | 東芝 | 世界最初のノートパソコン |

●**ノイマン型コンピュータ**：処理するデータや実行するプログラムをあらかじめ主記憶装置に格納しておき（**プログラム内蔵方式**）、CPU は主記憶装置からプログラムの命令やデータを順次取り出して解読して実行する方式（**逐次処理方式**）のコンピュータを**ノイマン型コンピュータ**といいます。

現在のほとんどのコンピュータは、この方式を採用しています。

## coffee break

第 5 世代コンピュータは通商産業省所管の ICOT（新世代コンピュータ技術開発機構）(1982～1992) が研究開発を進めたプロジェクトの名称で、人工知能（AI）向けの**非ノイマン型コンピュータ**（複数の命令を並列に実行する並列処理方式で、(1) 問題解決・推論機能、(2) 知識ベース管理機能、(3) 知的インターフェース機能　を持つコンピュータ）の実現を目指していました。**並列処理計算機**（複数の演算装置やプロセッサ、記憶装置を相互に結合することによって、システム全体としての処理能力を上げて、信頼性と拡張性の向上を目指す）や**データフローマシン**（データの流れを接点と枝で構成される有向グラフで表し、その有向グラフでの処理の流れを制御するデータフロー制御方式による処理機構を実現）が非ノイマン型コンピュータの例としてあげられます。

# 1.2 コンピュータの基本的機能と構成装置

## 1．2．1　コンピュータはどのような基本的機能をもっているのでしょうか

コンピュータはいろいろな仕事を正確に、速く、自動的に行うため、多くの分野で利用されています。コンピュータに仕事を指示するのがプログラムで、コンピュータはこのプログラムの指示にしたがって、入力されたデータを記憶し、記憶したデータについて演算を行い、求める結果を出力するなどの作業を行います。またコンピュータは、これらの一連の処理が正しい順序で行われるように制御します。コンピュータのこのような**入力**、**記憶**、**制御**、**演算**、**出力**を**コンピュータの5大機能**といいます。

コンピュータにはいろいろな種類があり、外見もさまざまですが、どのコンピュータも基本的にはこれらの5つの機能をもっています。

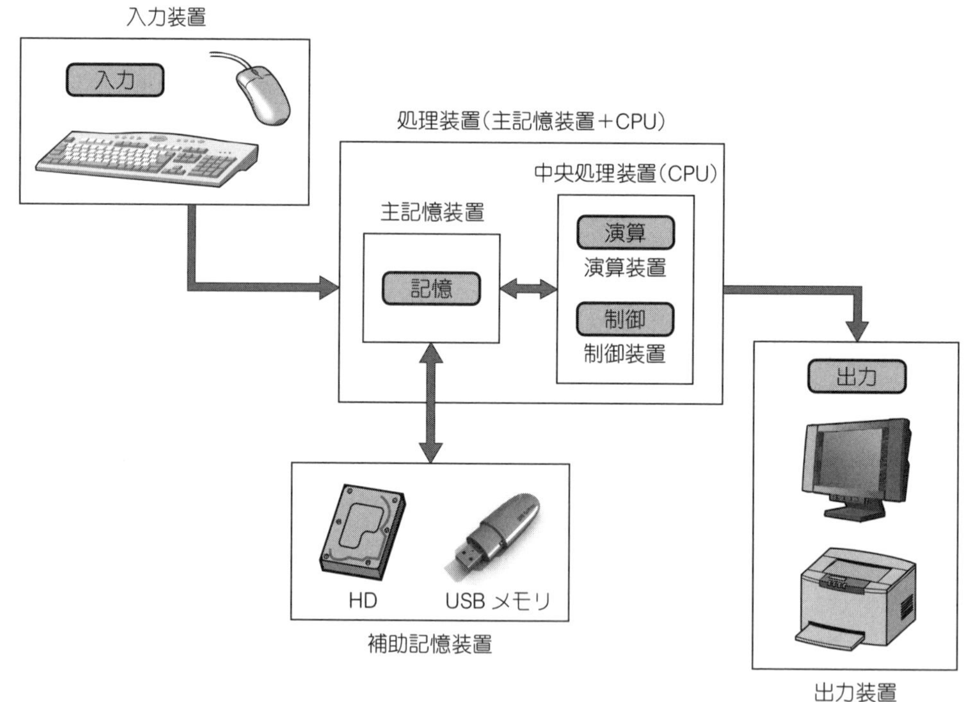


図 1.1　コンピュータの5大機能

### 1.2.2 コンピュータはどのような装置から構成されているのでしょうか

コンピュータのもつ5大機能（入力、記憶、制御、演算、出力）は、**入力装置**、**主記憶装置**、**制御装置**、**演算装置**、**出力装置**の5つの装置によって分担されています。

制御装置と演算装置を**中央処理装置**（CPU : Central Processing Unit）とよびます。記憶装置には、制御装置と直接結びついて処理を行う**主記憶装置**と、これを補助する目的で使用される大量のデータを記憶できる**補助記憶装置**があります。中央処理装置と主記憶装置を**処理装置**とよぶことがあります。処理装置と接続されている補助記憶装置、入力装置、出力装置を**周辺装置**（Peripheral Equipment）といいます。

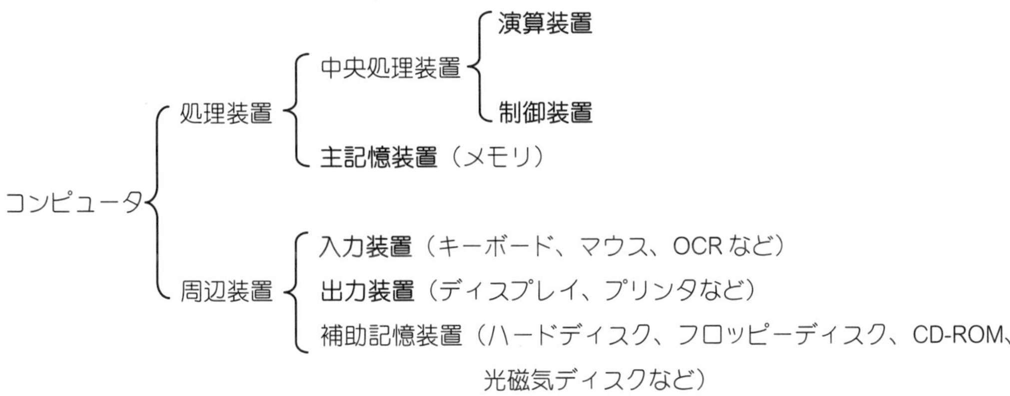


コンピュータを構成する装置を総称して、**ハードウエア**（hardware）といいます。ハードウエアについては、第3章で詳しく述べます。

表1.2 コンピュータを構成する装置

| 装置 | 説明 |
|---|---|
| 入力装置 | 外部からコンピュータ内部へデータを取り込む装置で、人間が理解できる数字や文字、画像、音声などを、コンピュータが理解できる形式（0と1の組み合わせ）に変換し、主記憶装置に読み込む。 |
| 主記憶装置 | 入力装置からのデータやプログラム、演算装置による演算結果を一時的に記憶しておく。記憶する場所にはアドレス（番地）がついていて、このアドレスを指定して主記憶装置から情報を取り出したり、主記憶装置に情報を記憶させたりできる。 |
| 制御装置 | コンピュータのすべての動作を制御する。主記憶装置に記憶されている命令を1つずつ順に取り出して解読し、各装置に必要な命令を出し、実行する。コンピュータの中枢的な役割を果たす。 |
| 演算装置 | 与えられた処理データに対して、算術演算、論理演算、比較、分岐などの処理を行う。 |
| 出力装置 | コンピュータ内部で処理した結果を外部へ取り出す装置で、コンピュータ内部で処理したデータ（0と1の組み合わせ）を、人間が理解できる数字や文字、画像、音声などに変換し、出力する。 |
| 補助記憶装置 | 大量のデータやプログラムを記憶・保管する。 |

# 1.3 ソフトウエア

コンピュータは、前節に示した処理装置と周辺装置がケーブル等で結ばれて、プログラムによって有効な働きをします。

**プログラム**とは、コンピュータに作業の指示を与えるための手順を、プログラム言語を使って記述した一連の命令や文の集まりのことです。**プログラム言語**（Programming Language）には、**機械語**（Machine Language：0 と 1 を組み合わせて表現したコンピュータが直接解読して実行できる言語）、**アセンブリ言語**（Assembly Language：機械語の代わりに、加算は ADD、ロードは LD のように表意記号を用いて書き表す）などの**低水準言語**と、BASIC、FORTRAN、COBOL、Pascal、C、LISP、Java など多くの**高水準言語**があります。

われわれはこれらの言語を用いてプログラムを書き、そのプログラムを、あらかじめコンピュータに記憶させておいたコンパイラ（Compiler）やインタプリタ（Interpreter）と呼ばれるプログラムを用いて機械語に翻訳させ、その機械語のプログラムを実行させて、コンピュータに所用の処理を行わせるのです。

**ソフトウエア**は、狭義には不特定多数の人が頻繁に使用するプログラムを指し、広義にはプログラム、プログラム開発技法、コンピュータ運用法、コンピュータ利用技術、関連文書を指します。ソフトウエアについては第 4 章で詳しく述べますが、ソフトウエアをプログラムに限定すると、次のように分類できます。

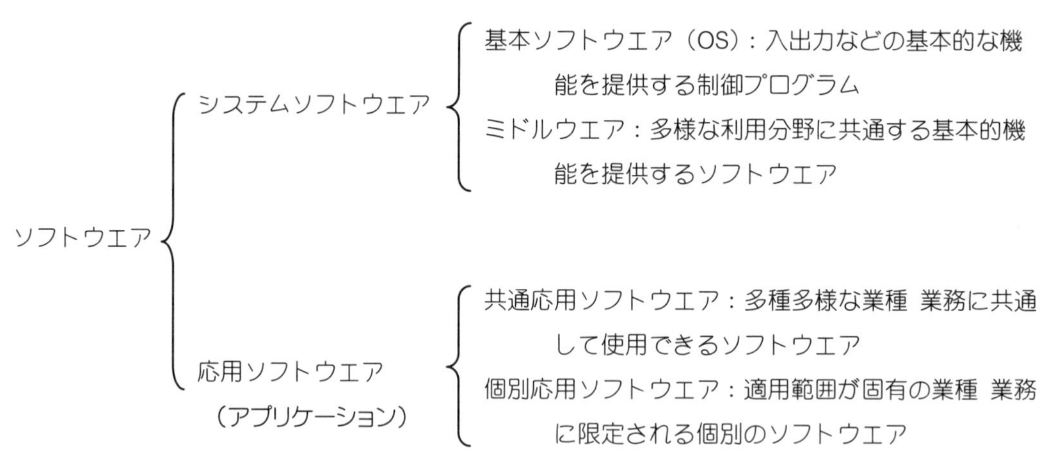


コンピュータはハードウエアとソフトウエアによって組織的に機能することから、**コンピュータシステム**（Computer System）とも呼ばれ、またコンピュータはデータを収集・蓄積して、これを分類や集計し必要な情報にまとめあげるデータ処理（情報処理）を行うので、**データ処理システム**または**情報処理システム**と呼ばれることもあります。

# 1.4 コンピュータの種類

コンピュータは次のように分類できます。

コンピュータ
- マイクロコンピュータ
- パーソナルコンピュータ
- ワークステーション
- 汎用コンピュータ
- スーパーコンピュータ
- その他のコンピュータ

**(1) マイクロコンピュータ（Microcomputer）**

1個または数個の大規模集積回路（LSI：Large Scale Integration）で構成される超小型のコンピュータで、マイコンともいいます。マイクロコンピュータは、炊飯器、洗濯機、電子レンジ、エアコン、テレビ、ブルーレイレコーダー、CD プレーヤー、電話機、携帯型電話機、FAX、各種ゲーム機などの家電製品や工場で働くロボット、加工機械のなかに部品として組み込まれています。

**(2) パーソナルコンピュータ（Personal Computer）**

マイクロプロセッサ、RAM、ROM、キーボード、ディスプレイ装置、ハードディスク装置、フロッピーディスク装置、CD 装置、入出力インタフェース、ネットワーク装置などを組み合わせて構成した小規模なコンピュータシステムをいいます。アプリケーションプログラムによって、各種の技術計算や事務処理、計測制御、教育、趣味用など汎用的な用途に使用する個人用コンピュータシステムです。

パーソナルコンピュータには、机の上で使用するようにつくられたデスクトップ型、携帯に便利なノート型、手のひらにのせて利用できるパームトップ型、ペン状のスティックで入力を行う小型の携帯情報端末 PDA（Personal Digital Assistant）、近年普及しているタブレット型などの種類があります。スマートフォンも同様の機能を持っています。

近年、パーソナルコンピュータの性能が向上し、個人用としてだけではなく、企業内システム、LAN の端末、サーバとしても利用されるようになってきています。

**(3) ワークステーション（Workstation）**

高速 CPU、高精細ビットマップディスプレイ（画面上に表示するイメージを画像メモリにいったん記憶させ、ドット単位でそのまま走査、表示するディスプレイ）、ポインティングデバイス（マウス）、大容量ハードディスク、ネットワーク機能などを備え、その装置内で業務の単独処理を行える小型のコンピュータシステムです。

ワークステーションは、パーソナルコンピュータより高機能、高性能でCAD/CAMやソフトウエア開発、科学技術計算、ネットワークサーバ、オンライン処理の入出力端末などに使用されます。

用途によって、次のような種類のワークステーションも開発されています。

・エンジニアリングワークステーション

・オフィスワークステーション

**●ネットワークサーバ**（Network Server）

ネットワーク上で資源を保持し、クライアント（サービスを受ける側のコンピュータ）が出すさまざまな要求を受け付け、サービスを提供するコンピュータです。

・ファイルサーバ（ネットワーク上のクライアントに対してファイルを共有する）

・プリントサーバ（クライアントの印刷指示により印刷を行う）

・通信サーバ（電話回線やFAX網、ホストコンピュータとのデータを交換する）

・データベースサーバ（クライアントの指示によりデータベースを検索、交信する）

・Webサーバ（インターネットやイントラネット〔インターネット技術を利用した企業や学校内の情報システム〕上でハイパーテキスト〔文字、図形、画像、音声などの情報の関連する項目を互いに結びつけ、ネットワーク状に構成した文書システム〕によって情報をやり取りする）

Web：インターネットやイントラネット上でハイパーテキスト情報をやり取りするサーバソフトウエアのこと。World Wide Web（WWW）ともいうが、イントラネットはWorld WideではないためWebと読み替える場合もあります。

・メールサーバ

・セキュリティサーバ

**(4)汎用コンピュータ**（General Purpose Computer）

事務計算、科学技術計算あるいは計算などの区別なく、広い範囲の問題処理や利用が可能なように設計されたコンピュータです。パソコンも汎用コンピュータの一種ですが、一般には大容量のファイル装置や高速プリンタを接続した高機能、高性能の大型汎用機を差します。オンラインシステムなど複数のコンピュータで構成するシステムのなかでは、全体の処理の中核となるコンピュータです。

最近では汎用コンピュータを**メインフレーム**や**ホストコンピュータ**と呼ぶことがあり、ネットワークで結ばれたコンピュータに対して、データベースなどを管理するコンピュータとしての利用価値が高まっています。

**(5)スーパーコンピュータ**（Super Computer）

大型の汎用コンピュータよりも処理能力の高いコンピュータで、膨大な計算量のデータを半導体技術や浮動小数点数演算を用いて高速で処理します。

気象予報の計算、人工衛星の軌道計算、大型建築物の構造計算や原子力関係の計算など科学技術計算の分野では、大量のデータの高速計算が要求されるため、これらの用途に用いられます。

同時代の標準的なコンピュータに比較して、遥かに高速で、汎用コンピュータとしてよりも、特定の応用領域のために高速化をはかった設計にすることが多いコンピュータです。

**(6)その他のコンピュータ**

**①オフィスコンピュータ**（Office Computer）

オフコンともいい、比較的小規模な企業の事務処理用コンピュータです。操作も簡単で、設置も容易で、手軽に事務処理を行うことができます。

**②制御用コンピュータ**

工場における生産工程にある各装置が常に作動しているかどうかを監視しながら生産の流れを制御するコンピュータで、このコンピュータは、工場のなかの振動や熱、粉塵など過酷な条件の下でも作動するような設計になっています。

最近では、オフィスコンピュータや制御用コンピュータの代わりに、パーソナルコンピュータやワークステーションを使用することもあります。

**③組み込みコンピュータ**

特定の目的のために製造された機器を制御するために用いられるコンピュータです。家電製品や携帯電話等の電子機器、自動車や飛行機、人工衛星等の航空運輸機器をはじめ様々な機器に組み込まれて用いられています。汎用コンピュータと異なり特定用途で用いられるので、高い信頼性が求められたり、大きさや形の制約に対応する必要があります。

# 第1章　演習問題

1．歴史的に見てノイマン型コンピュータは画期的であるといわれているが、その理由を述べよ。またノイマン型コンピュータの定義を述べよ。

2．第1世代から第4世代までのコンピュータは、何によって世代の区別をしているのかを述べよ。

3．より人間の頭脳に近い働きをするコンピュータといわれている非ノイマン型コンピュータの特徴を述べよ。

4．コンピュータの5大機能とコンピュータを構成する装置について述べよ。

5．ソフトウエアとは何か、その分類も含めて述べよ。

6．マイクロコンピュータとは何か、その応用面も含めて述べよ。

7．パーソナルコンピュータとは何か、その応用面も含めて述べよ。

8．汎用コンピュータについて述べよ。

# 第2章　コンピュータ内のデータ表現

## 2.1 情報とデータ

前章で学んだようにコンピュータは、当初の計算する機械から文字や音声、画像など、さまざまな情報を処理する機械へと発展してきました。私たちが日常的に利用するときも、文書処理や画像処理そして音声処理など、さまざまな情報の処理に活用しています。ここでは、コンピュータの情報処理機器としての働きを理解するために、身の回りの情報がコンピュータで処理されるデータへ、どのような考え方で変換されるか、その基本的なことがらについて学びます。

「情報」という言葉は、一般にわれわれが日常的に使っている意味や社会科学などで使う意味と情報科学や工学で使う意味とでは、似ているようでも微妙に異なっています。

情報は日常的に、例えば次のような意味で使われることがあります。

①事物・出来事などに関する知らせ。
②適当な判断を下したり、行動の意志決定をするために役立つ資料。
③機械系（NC 工作機械）や生態系（遺伝子）に与えられる指令や信号。
　＊ 語源 …「敵情」を「報告」→ 情報（明治9年、軍隊用として）

一方、情報科学や工学では、「**情報**」という言葉を次のように定義しています。

| 情報：JIS　X001-1994 用語 01.01.01 **「事実、事象、事物、過程、着想などの対象物に関して知り得たことであって、概念を含み、一定の文脈中で特定の意味をもつもの」** |
|---|

情報という言葉と常に対となって使われる言葉に**データ**という言葉があります。この2つの意味を対比させながら確認しておきましょう。

| データ：JIS　01.01.02 **「情報の表現であって、伝達、解釈又は処理に適するように形式化され、再度情報として解釈できるもの」** |
|---|

データに対する処理は、人間が行ってもよいし、自動的手段で行っても構いません。

情報を、のろしの例を使って解釈すれば、敵が攻めてくるという事実を知り得たことが**情報**

です。その情報をのろしの煙で表現したものが**データ**です。例えば、煙が長くたなびいたときは敵が攻めてくる、その煙に続いて、短くたなびいた煙の数が 100 人の単位を示すとあらかじめ決めて表現したものがデータとなります。

そのデータが、味方に伝わりその意味が解釈されて、情報となります。すなわち、敵の攻勢とその数を知ることができます。その情報によって、敵が攻めてきている事実を知ることができます。のろしという煙のパターンで表現された情報は、人間が処理するのに適しています。しかし、コンピュータでは煙の形のパターンを直接処理することは不向きです。

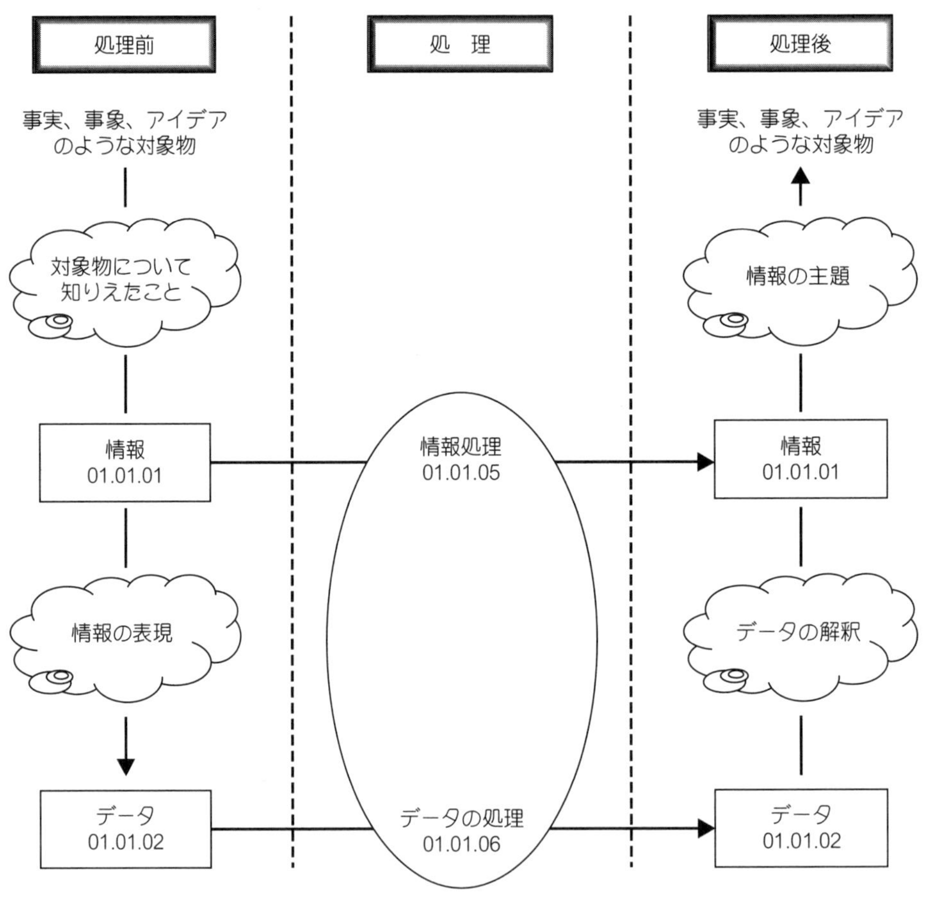


図 2.1　情報とデータ

コンピュータの中で情報は、電子回路で扱いやすい表現に変換されたデータによって伝達、処理されます。そのためには、身の回りの様々な情報をコンピュータで扱いやすいデータに変換する必要があります。

さらに、コンピュータを使ってある仕事をするには、仕事の内容や仕事の処理手順をコンピューータが理解できる言葉で表現する必要があります。この言葉というのは、主記憶装置内の記憶場所では電流を流すか流さないかであり、磁気ディスクやフロッピーディスクでは、S 極→N 極または N 極→S 極の磁化されている方向のことで、これら 2 つの状態で仕事の情報を表します。

## 2.2 アナログとディジタル

長さや角度のように連続的に変化する量を**アナログ量**といいます。それに対して、金額のように、数字によって表される不連続な量を**ディジタル量**といいます。

**JIS によるアナログとディジタルの定義**

**アナログ**とは、「連続的に可変な物理量、連続的な形式で表現されたデータ及びそのデータを使う処理過程又は機能単位に関する用語」

**ディジタル**とは、「数字によって表現されるデータ及びそのデータを扱う処理過程又は機能単位に関する用語」(JIS X 0001-1994)

同じ量でも表現する方式によって、表現の仕方が変わります。例えば、リンゴの重さを表現するときに、リンゴをバネの先につり下げて、伸びた長さそのもの（バネが伸びた変化量）でリンゴの重さを表現する方式がアナログです。バネが伸びた変化量そのものが重さを長さで表現し直したアナログ量です。

バネが伸びた変化量を物差しで測り、目盛に基づいて数字で表現する方式がディジタルです。

アナログは、連続的な量をそのまま表しています。ディジタルは、単位量（この例では、物差しの目盛り）をもとに整数で表現します。従って、単位量以下の量を表現することはできません。

重さや長さだけでなく、さまざまな情報（音声や画像、動画など）もアナログとディジタルで表現できます。

**＜情報の単位＞**

情報を量的に表現するためには、基本となる単位が必要になります。丁度、長さを表現するためには、基本となる量（1m）を定義する必要があるのと同様です。基本となる量を定義することによって、はじめて情報を定量的に論じることができるようになります。

さて、情報が存在する意味あるいは必要性はどのような場合でしょうか。例えば、この世界が真っ暗なまったく均一な世界であったならば、情報を伝える必要性はあるでしょうか。まったく均一な世界には情報は必要ありません。なぜなら、そのような均一な世界を表現する事実が存在しないことになるからです。

情報は対象物の状態に関する知識で、対象物の状態が不確定であるとき、その状態を分類し他の状態から区別することにより、明確にするものであるということができます。**状態を区別する最小の場合の数**は 2 つの状態を区別することです。従って、情報をあらわす最小単位は 2 つの場合を区別することと考えることができます。

**＜情報量(measure of information)＞**

情報とはなにかを考えてきました。次になすべきことは、情報を数量的に扱うことを可能にする方法を作りだすことです。

2 つの可能な状態が存在し、そのいずれかを決定するのが最も単純な情報です。この情報を情報量の単位にとり **1 ビット**（bit＝binary digit）の情報と呼ぶことにします。

0 か 1 か、右か左か、黒か白か、yes か no か、このような単純な質問に対する答えが、1 ビットの情報となります。すなわち、二者択一の選択が与える情報量が 1 ビットです。

例えば、

**— 人の顔を　ビットで表現し、情報を伝える —**

| | | 1 | 0 |
|---|---|---|---|
| 1番目 | 顔の形 | 丸顔 | 長い顔 |
| 2番目 | 鼻 | 高い | 低い |
| 3番目 | 目 | 大きい | 小さい |
| 4番目 | 口 | 大きい | 小さい |
| 5番目 | 色 | 白い | 黒い |
| 6番目 | 眉毛 | 濃い | 薄い |
| 7番目 | 髪の毛 | 長い | 短い |
| 8番目 | 眼鏡 | ある | ない |

図 2.2　顔のコード表

図 2.2 のようなコード表の順番と意味を、情報を発信する者と受け取る者が共通に理解していることが大切です。発信者はコードに従って、「丸顔で、鼻が高くて、目が小さく、口が小さく、色白で、眉毛が濃くて、髪の毛が長く、眼鏡はかけていない」顔を表現します。すると次のようになります。

**電気信号（コンピュータなどの電気回路）**

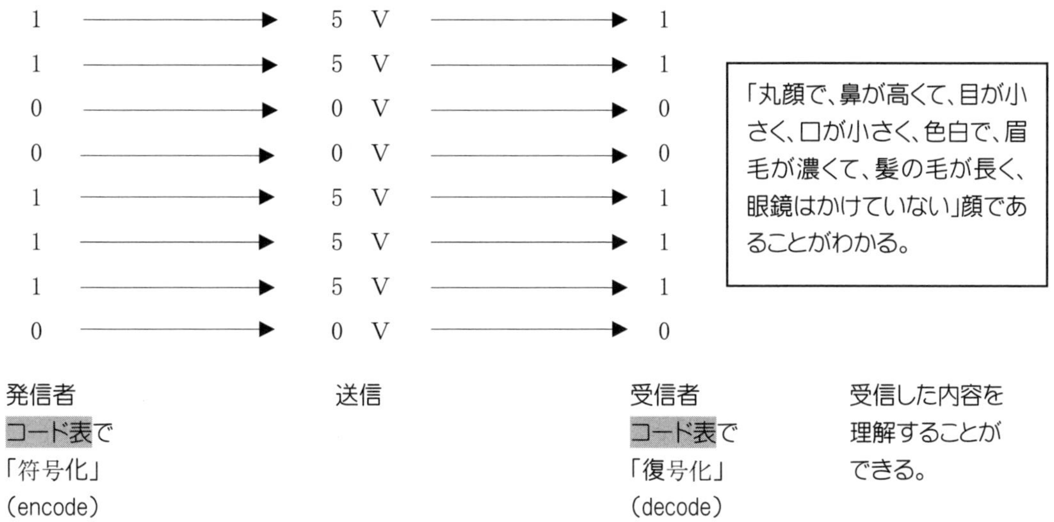


図 2.3 符号化と復号化

情報が符号化されて、電気信号となり遠くまで送られたり、保存したりすることができます。情報をビットで表現するときには、情報を表現するための約束ごと、つまり**コード表**などが大切になります。

また、顔の色を表現するのに、2 ビットや 3 ビットで表現すれば、より細かい情報の表現が可能となります。

| 白い0 | 黒い1 |
| --- | --- |

| とても白い00 | 白い01 | 黒い10 | とても黒い11 |
| --- | --- | --- | --- |

とても白い ←→ とても黒い

| 000 | 001 | 010 | 011 | 100 | 101 | 110 | 111 |
| --- | --- | --- | --- | --- | --- | --- | --- |

図 2.4　2 ビット表現と 3 ビット表現

**column**

情報は不確実なことを明確化するものですから、起こりにくいことが起こったという情報は情報量が大きくなります。何かが起こる確率 p を用いるとその事象が起きたことを知らせる情報量は -log p で表せます。つまり、確率が小さい事象が起きたときの情報量ほど大きくなります。また、複数の事象のどれかが起こるときの平均情報量はエントロピーと呼ばれていますが、クロード・シャノンが「通信の数学的理論」（1948 年）で物理学用語を情報理論に導入したもので、通信分野でよく使われています。

## 2.3 コンピュータ内のデータ表現

コンピュータは電気回路でできています。情報を電気の信号に置き換えて表現します。「電流を流す」＝1、また「電流を流さない」＝0 のように、それぞれの状態を数値に置き換えると、データの状態を表現するのに都合がよいため、コンピュータの情報表現には、「0」と「1」の組み合わせによる 2 進数が用いられます。

コンピュータ内部で、「0」または「1」で表現される 2 進数の 1 桁を**ビット**（bit : binary digit）と呼び、これが情報表現の最小単位になります。1 ビットでは、2 つの状態を区別することができます。

このビットを複数用いて、0 と 1 の組み合わせで表現された情報を**ビットパターン**といいます。コンピュータに文字や数字、記号、などで表現された情報や、プログラムの命令を表現するときにもコンピュータの内部のデータは、すべてビットパターンで表現する必要があります。

**<ビットとバイト>**

情報量を表すとき、8 ビットを 1 つのまとまり、バイト（byte）として取り扱います。1 バイトで表現できる情報の種類は、256（$=2^8$）種類です。

**coffee break**

文字を表現するには、何ビット必要でしょうか。アルファベットが 52 文字、数字が 10 字、カナ文字（濁音、半濁音など）が 50 字、その他よく使う記号が約 80 字だとすると、合計 190 文字程度識別できればよいことになります。そのためには、7 ビット（128 種類）では少ないですが、8 ビット（256 種類）なら十分です。そこで、1 文字を表す単位である 1 バイトが 8 ビットとして利用されるようになったと考えられます。

ビットとバイトを単位として使う場合、b と B を使い分けます。例えば、1 B = 8 b と表現します。また大きな情報量を表すとき、国際単位系（SI）では 1000 倍ごとに k（キロ）、M（メガ）、G（ギガ）、T（テラ）、P（ペタ）の記号を付けて、1 kB（1 キロバイト）といった表現もできます。一方、最近のコンピュータでは、1 KB = 1024 B（= $2^{10}$ B）という単位も用いられています。これらを区別するために k と K（小文字と大文字）を使い分けたり、1 KB（1 ケーバイト）と呼んだりすることもあります。

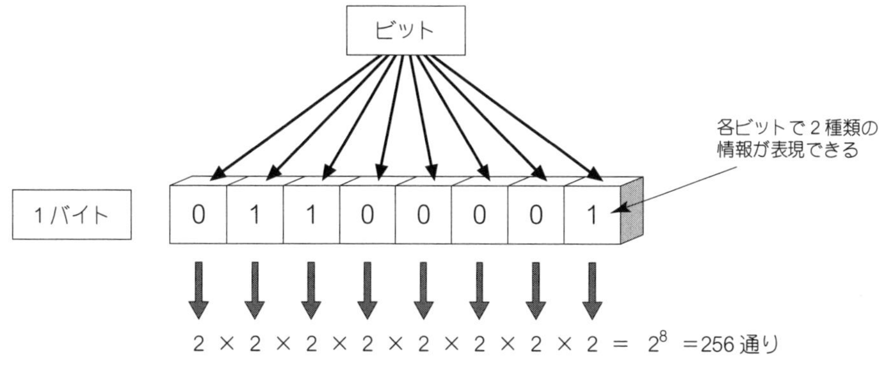


図 2.5　ビットとバイト

さて、ここまでで情報のディジタル化の学習の準備ができました。これからは私たちの身の周りにある代表的な情報をコンピュータが扱うことができるデータすなわち、0 と 1 のディジタルデータとして表現する方法を学んでいきます。具体的には、身の回りの情報として数値、文字や記号、音声、画像、動画などについて考えていきます。

## 2．3．1　コンピュータで取り扱うデータ

コンピュータの内部では、すでに学んだようにデータは 2 進数で表現されます。2 進数により意味を持ったデータを表すには、通常 8 ビットを 1 単位として扱い、この単位をバイトといいます。コンピュータの内部では、8 ビット、16 ビット、32 ビット、64 ビットなどをデータの単位として、計算や記憶が行われます。この単位を**ワード**（word）または**語**と呼びます。何ビットを 1 ワードとするかは、そのコンピュータの基本仕様として定められます。

- ワード
  - データワード
    - 数値ワード
      - 固定小数点ワード
      - 浮動小数点ワード
    - 文字ワード
  - 命令ワード

## 2．3．2　数値はどのように表現するのでしょうか

私たちは日ごろ 10 進数を使いますが、コンピュータの世界では 0 と 1 でデータの表現を行うので、数値データの表現にも **2 進数**を使います。

また、2 進数のデータを私たちが見やすくするために、16 進数などが使われます。2 進数、16 進数の説明に入る前に、10 進数の表し方を調べてみます。

**＜10 進数の表し方＞**

10 進数（decimal numeral）では、0～9 までの 10 種類の数字が使用され、10 のまとまりになると桁が上ります。

例として、345.24 という数字を考えてみると

$$345.24 = 3\times\underline{10^2} + 4\times\underline{10^1} + 5\times\underline{10^0} + 2\times\underline{10^{-1}} + 4\times\underline{10^{-2}}$$

となり、各桁の数に 10 のべき乗を掛けたものを足し合わせた数と考えることができます。

10 進数におけるこの 10 を**基数**といい、$10^2$、$10^1$、$10^0$ 、$10^{-1}$、$10^{-2}$ を各桁の**重み**と呼びます。また数字を桁で表現する方法を位取り記数法といいます。

**＜2 進数の表し方＞**

2 進数（binary numeral）は、0 と 1 の 2 種類の数字を使用して、2 のまとまりになると桁が上ります。

例として、「1 0 1. 1」という 2 進数を考えてみると

$$(1\,0\,1.\,1)_2 = 1\times\underline{2^2} + 0\times\underline{2^1} + 1\times\underline{2^0} + 1\times\underline{2^{-1}} = 4 + 0 + 1 + 0.5 = (5.5)_{10}$$

となり、2 進数では **2** が基数であり、$2^2$ 、$2^1$ 、$2^0$ 、$2^{-1}$ が各桁の重みになっています。

また、何進数の数であるかを表すために、数をかっこで囲み、かっこの右下部分に基数を書いています。

**＜16 進数の表し方＞**

16 進数（hexadecimal numeral）は、0、1、2、3、4、5、6、7、8、9、A、B、C、D、E、F の 16 種類の数字や文字を使用して表現します。16 のまとまりになると桁が上ります。基数は 16 です。

**［例］**

$$\begin{aligned}(2E7.C)_{16} &= 2\times16^2 + 14\times16^1 + 7\times16^0 + 12\times16^{-1}\\ &= 512 + 224 + 7 + 0.75 = (743.75)_{10}\end{aligned}$$

16 進数では 16 が基数で、$16^2$、$16^1$、$16^0$、$16^{-1}$ が各桁の重みになっています。

表 2.1　10 進数と 2 進数、16 進数の対応

| 10 進数 | 2 進数 | 16 進数 |
|---|---|---|
| 1 | 0001 | 1 |
| 2 | 0010 | 2 |
| 3 | 0011 | 3 |
| 4 | 0100 | 4 |
| 5 | 0101 | 5 |
| 6 | 0110 | 6 |
| 7 | 0111 | 7 |
| 8 | 1000 | 8 |
| 9 | 1001 | 9 |
| 10 | 1010 | A |
| 11 | 1011 | B |
| 12 | 1100 | C |
| 13 | 1101 | D |
| 14 | 1110 | E |
| 15 | 1111 | F |

**＜2 進数の加算＞**

2 進数の「1＋1」は 1 つ桁上げをして「10」として計算します。

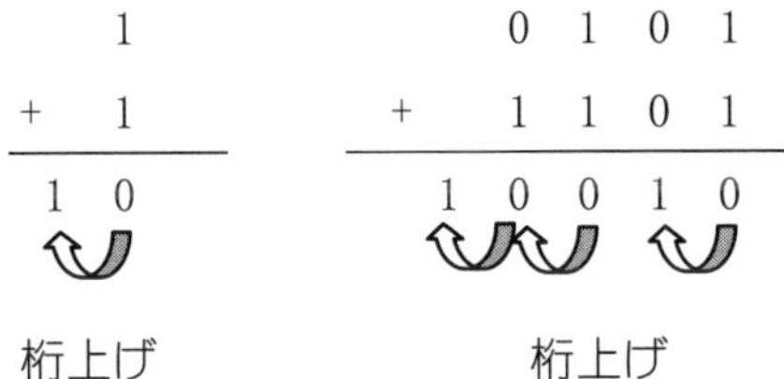


**＜2 進数の減算＞**

2 進数の減算では、引く数が 1 で、引かれる数が 0 のときは、1 桁上から借りて計算します。

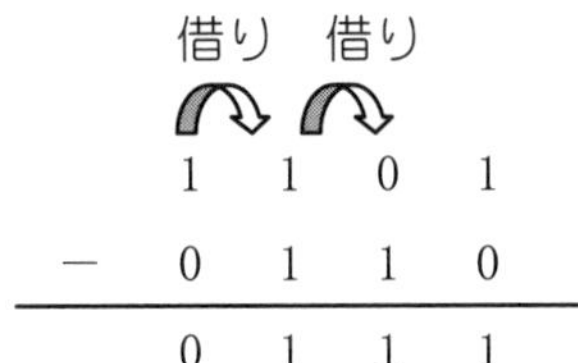


**【2 進数を 16 進数で表現するにはどうするのですか】**

コンピュータの世界では、2 進数を簡潔に表現するために、16 進数を使って表すことがあります。それには 2 進数を下位から 4 桁ずつ区切り、それぞれを 16 進数の 0〜9、A〜F の文字に対応させて表現します。

［例１］

$(0101\ 1010\ 1111\ 0100)_2 = (5AF4)_{16}$

↓　↓　↓　↓

5　A　F　4

［例２］

$(1110\ 0101.\ 1011)_2 = (E5.B)_{16}$

↓　↓　↓

E　5　B

**【コンピュータ内部での数値の表現方法】**

コンピュータ内部における数値データは、**固定小数点**（fixed-point number）と**浮動小数点**（floating-point number）があります。

**■固定小数点■**

**固定小数点**とは、例えば、12.45 のように数字の並びの中には存在しない小数点を、約束ごととして特定の位置に想定して、整数や小数を表すワードの表現の仕方をいいます。

さらに、固定小数点表現で数値の正負を区別するために、**符号絶対値表現**、**補数表現**などが用いられます。

**（ａ）符号絶対表現（正負の表し方の１つ）**

簡単のために、ワード長が 8 ビットの場合を考えます。

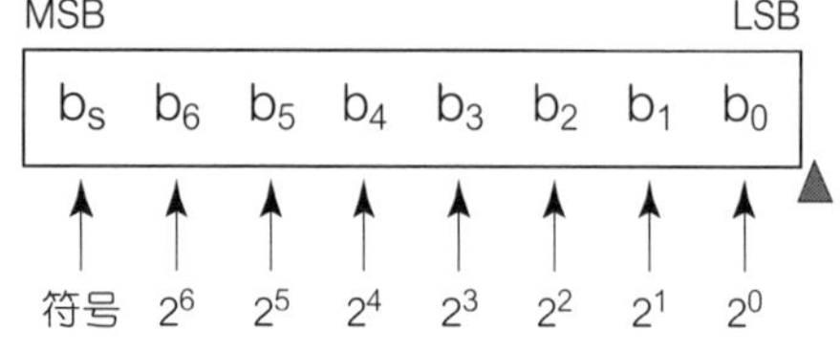


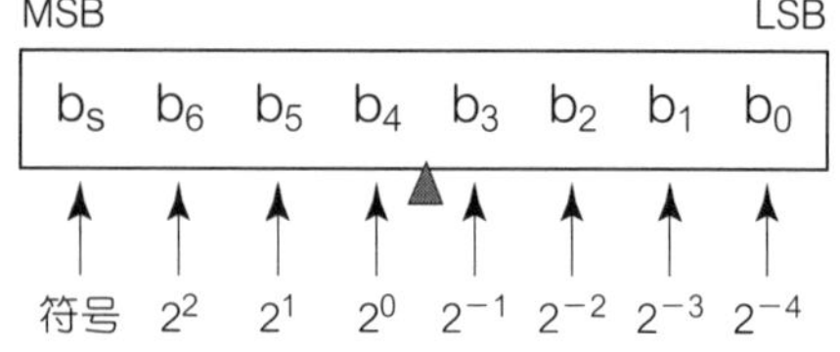


図 2.6　符号絶対値／固定小数点表現（a）整数表現　（b）小数点表現

図 2.6 では左端の 1 ビットで正負を表し、残りの 7 ビットで数値の絶対値を表す方式が取られています。これを**符号絶対値表現**といいます。正負を表す左端のビットは、符号ビット（sign bit）と呼ばれ、通常、**負の数**に対して **1**、**正の数または 0** に対して **0** とします。

例えば、(a)では、11111111 は負の最小値すなわち $(-1111111)_2 = (-127)_{10}$ から 01111111 で表される正の最大値 $(+1111111)_2 = (+127)_{10}$ までの整数を表すことができます。

符号ビットを除いて位が最も高いビットを MSB（**最上位ビット**：most significant bit）といい、

位が最も低いビットを LSB（**最下位ビット**：least significant bit）といいます。

符号絶対値表現で表された数の加算は、次のように行います。

①正の数と正の数あるいは負の数と負の数の加算は、絶対値を加算し、符号ビットをそのままにする。
②正の数と負の数の加算は、絶対値の大きい方から小さいほうを引き、絶対値が大きい方の数の符号ビットを付け加える。
③絶対値が等しい場合は、符号ビットを 0 とする。

**【2 進数ではどのような範囲の数値を表せるのですか】**

2 進数の**固定小数点数**では、4 ビットの 2 進数で表せる数値の範囲は、前記の表から -8 ～ +7 であることがわかります。この範囲は別の表現をすると $-2^3$ ～ $+2^3-1$ となり、表現できる数の種類は $2^4$ (= 16) です。

一般的には、n ビットの 2 進数では

$$-2^{n-1} \sim +2^{n-1}-1$$

の範囲の数値を表すことができて、表現できる数の種類は $2^n$ になります。ビット数と表現できる数字の範囲の関係を表 2.2 に示します。

表 2.2 ビット数と表現できる数値

| ビット数 | 表現できる数値の範囲 | | 数の種類 |
|---|---|---|---|
| 4 | −8 ～ +7 | : $-2^3 \sim +2^3-1$ | $2^4$ |
| 8 | −128 ～ +127 | : $-2^7 \sim +2^7-1$ | $2^8$ |
| 16 | −32768 ～ +32767 | : $-2^{15} \sim +2^{15}-1$ | $2^{16}$ |
| 32 | −2147483648 ～ +2147483647 | : $-2^{31} \sim +2^{31}-1$ | $2^{32}$ |
| n | | : $-2^{n-1} \sim +2^{n-1}-1$ | $2^n$ |

### （b）補数表現

負の数の表し方のもう１つの方法が補数表現です。負の数を補数で表すと減算を加算で行うことができます。

例えば、44-21＝44+(-21）と考えれば、(-21）を補数で表現します。

補数とは、元の数に１を加えていって、桁上げが発生するまでに加えた数です。10進数の30の補数は70（＝100-30）です。これを10進数の補数といいます。このイメージは、100でいっぱいになるコップに30だけ満たすと70の空白が補数の量に対応します。

この補数を加えて減算を行います。

```
   44            44
 ＋(-21)       ＋ 79  (10の補数)
 -------       ------
   23           123
```



**2進数の補数**

「その桁内の最大数＋1」から「ある数」を引いたものを、そのある数の２の補数といいます。

#### ＜8桁（8ビット）の2進数の例＞

まず、「8桁の最大数＋1」の数を求めます。8桁の最大数は「１１１１１１１１」なので、これに１を足すと「１０００００００００」になります。

```
    100000000    ・・・ 8桁の最大数＋1
 －  00001110    ・・・ ある数
 ------------
     11110010    ・・・ 「00001110」の2の補数
```

つまり、「００００１１１０」は10進数の「14」を表し、その２の補数「１１１１００１０」で10進数の「－14」を表すのです。

#### ＜2進数の2の補数の簡単な求め方＞

正式には、上述した方法で２の補数を求めますが、機械的には次のような操作によって求めることができます。

| ２進数の各桁の０と１を反転して１を加える。 |
|---|

**例 1**　**結果が正となる減算**

44-21＝23 を 2 進数で考えよう

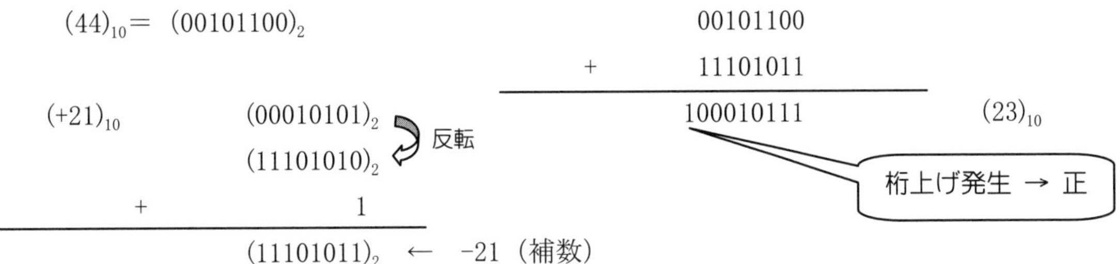


・桁上げが発生しているから「正」の数と考えられる。この場合は、桁上げを無視してそのまま正の 2 進数に直し、$(23)_{10}$ となる。

**例 2**　**結果が負となる減算**

21-44＝-23 を 2 進数で考えよう

$(21)_{10}$　$(00010101)_2$

$(+44)_{10}$　$(00101100)_2$

反転

$(11010011)_2$

+　1

$(11010100)_2$ ← -44（補数）

$(00010101)_2$

+　$(11010100)_2$

11101001

桁上げ発生せず → 負

・桁上げが発生していないから「負」の数と考えられる。この場合は、補数で表されている。
従って、11101001-1 の反転 $(00010111)_2$＝ $(23)_{10}$ → $(-23)_{10}$

**＜シフト演算＞**

コンピュータでの 2 進数の掛算や割算はビットを操作することで実現できます。10 進数で数字を 10 倍にするには、数字の後ろに 0 を足す（桁を上げる）という操作をします。2 進数の場合は 1 桁上げると 2 倍になり、n 桁上げると $2^n$ 倍になるので、この性質を利用します。

**例 1**　**2 進数の掛算**

23×4 を 2 進数で計算しよう

$(23)_{10}$　$(00010111)_2$

4=$2^2$ なので、左へ 2 つビットを移動し、空いた桁には 0 を入れる

$(01011100)_2$　$(92)_{10}$

**例 2　2 進数の割算**

24÷8 を 2 進数で計算しよう

$(24)_{10}$　　　　$(00011000)_2$

$8=2^3$ なので、右へ 3 つビットを移動し、空いた桁には 0 を入れる

　　　　$(00000011)_2$　　　　$(3)_{10}$

**例 3　2 のべき乗ではない掛算**

5×6 を 2 進数で計算しよう

$(5)_{10}$　　　　$(00000101)_2$

$6=2^2+2^1$ なので、左へ 2 つビットを移動した値と左へ 1 つビットを移動した値を加える

|  |  |  |
|---|---|---|
|  | $(00010100)_2$ | $(20)_{10}$ |
| + | $(00001010)_2$ | $(10)_{10}$ |
|  | $(00011110)_2$ | $(30)_{10}$ |

**例 4　負の数の割算**

-22÷2 を 2 進数で計算しよう

$(-22)_{10}$　　　　$(11101010)_2$　　　　(2 の補数表現)

右へ 1 つビットを移動し、空いた桁には符号ビットと同じ値を入れる（2 の補数表現でも最上位ビットは符号を表すことに注意）

　　　　$(11110101)_2$　　　　$(-11)_{10}$

ここで、符号なし数値のシフト演算を論理シフト、符号付き数値のシフト演算を算術シフトといいます。

**■浮動小数点■**

固定小数点では、非常に大きな数や小さな数を表すことができません。

浮動小数点（floating-point number）は指数部と仮数部によって表現される数です。浮動小数点表示では、比較的大きな数や小さな数を表現することが可能となります。

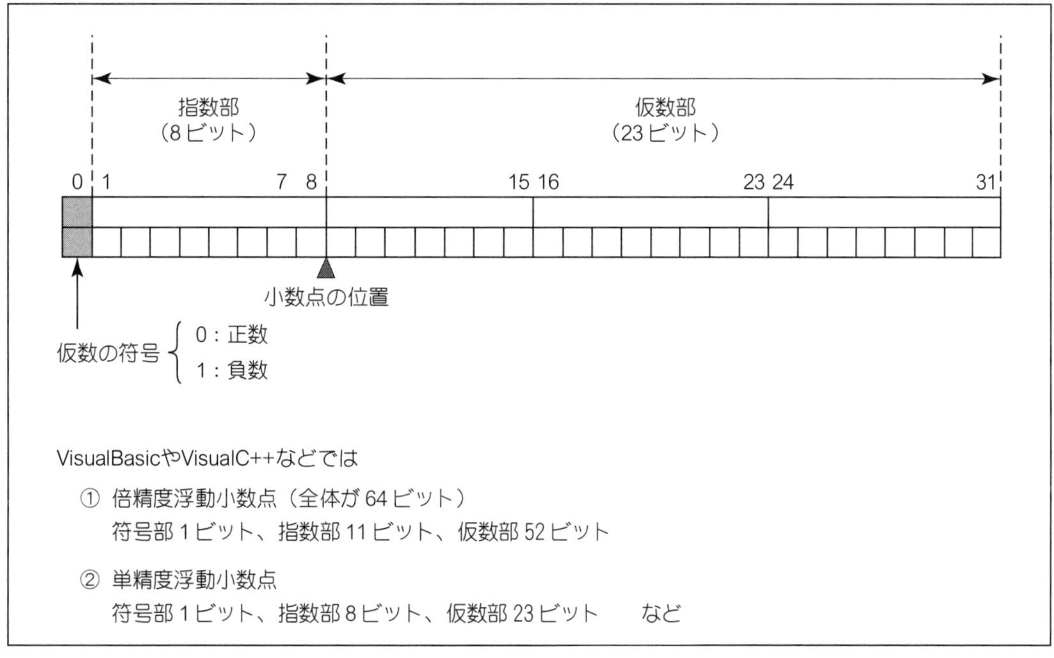


図 2.7　浮動小数点表示

例えば、10進数では

$0.5\times10^{2}$　　　$5.0\times10^{1}$　　　$-3.141592\times10^{-25}$

などと表現します。

一般に、浮動小数点では任意の大きさの実数を

$$M\times B^{E}$$

と表します。　M：**仮数**（mantissa）といい、$0.1\leqq M\leqq 1.0$　で正規化されます。
　　　　　　　B：**基数**（base）　　E：**指数**（exponent）　と呼びます。

基数には2、10、16が使われます。例えば32ビットの2進単精度浮動小数点数では、図2.7のように基数を2とし、仮数部分の符号に1ビット、指数部分に8ビット、仮数部分に23ビットを割り当てます。

**■2 進化 10 進表現■**

$(0.8)_{10}$ を 2 進数に変換してみましょう。すると $(0.11001100\cdots\cdots)_2$ となり、循環小数となってしまいます。そこで、ある桁数で計算をやめて短い桁数の小数にする丸めという操作を行います。このとき、丸められた値を近似値と呼び、近似値のうち先頭から続く 0 を除いた数字を有効数字、その桁数を有効桁数と呼びます。また、近似値と真の値の差を誤差と呼びます。

ところで、0.8 という 10 進数ではきれいな数が 2 進数ではきちんと表現できません。切り捨て誤差があってはならない金利計算などでは、2 進数表現のコンピュータでは計算できないのでしょうか。その対策として、次のように表現を工夫しています。

表 2.3　2 進化 10 進表示

| 10 進数 | 2 進化 10 進表現 |
|---|---|
| 0 | 0000 |
| 1 | 0001 |
| 2 | 0010 |
| 3 | 0011 |
| 4 | 0100 |
| 5 | 0101 |
| 6 | 0110 |
| 7 | 0111 |
| 8 | 1000 |
| 9 | 1001 |

10 進数の各桁の数字を右の表のように、4 ビットの 2 進数で表します。この表現の仕方を **2 進化 10 進表現**（binary-coded decimal representation）と呼びます。

例えば、

$(135.79)_{10}$ ⟶ 0001 0011 0101 . 0111 1001
　　　　　　　　1　 3　 5　.　7　 9

となります。

コンピュータでは、数値を 2 進数で表し、計算をすることが多いのですが、2 進化 10 進表現による 10 進数の四則演算の機能を備えた機種もあります。2 進化 10 進表現による演算は、循環小数の切り捨てによる誤差が生じないため、利息の計算などを厳密に行う必要がある場合に用いられます。このため 2 進化 10 進表現は、主に事務計算の分野で用いられています。

## 2．3．3　文字や記号はどのように表すのでしょうか

英字、数字、カナ文字、記号などの文字データは、あらかじめ決められた**コード**（ある情報を記号で表現したもの）で表現します。このコードは国際的に共通に使用するために、ISO（International Organization for Standardization：国際標準化機構）や JIS（Japanese Industrial Standards：日本工業規格）などによって定められています。

### ① EBCDIC コード

EBCDIC コード（Extended Binary Coded Decimal Interchange Code）は、8 ビットで 1 文字を表現するコードで、汎用コンピュータで多く使用されています。

例えば、「5」は「１１１１０１０１」で表現します。日本ではこのコードにカナ文字を設定し、カナ文字が使えるようにしています。例えば、「キ」は「１０００００１１１」で表します。

### ② ASCII コード

ASCII コード（American Standard Code for Information Interchange）は、7 ビットで 1 文字を表現し、これにパリティビット（誤り検査用ビット）を加えた 8 ビットのコードで、パーソナルコンピュータで使用されています。

例えば、「%」は「0 1 0 0 1 0 1」で表現し、「<」は「0 1 1 1 1 0 0」で表現します。

### ③ JIS X 0201 コード（8 ビットコード）

このコードは、英字の大文字、小文字の他、カナ文字も組み込んだ 8 ビットのコードです。

例えば、「ウ」は「1 0 1 1 0 0 1 1」で表現し、「＋」は「0 0 1 0 1 0 1 1」で表現します。

### ④ JIS X 0208 コード（漢字コード）

このコードでは、漢字 1 文字を 2 バイト（16 ビット）で表現して、数多い漢字の種類に対応しています。

例えば、「情」は「$(3E70)_{16}$ = 0 0 1 1 1 1 1 0 0 1 1 1 0 0 0 0」で表現します。

### ⑤ シフト JIS コード

JIS 漢字コードでは、2 バイトで 1 文字を表現するために、JIS の 8 ビットコードと区別する操作が必要になります。そこでこの操作を無くすように改良されたのが、シフト JIS コードです。このコードでは表現できる文字数は少なくなりますが、JIS の 8 ビットコードと混在しても区別できるようになっています。

### ⑥ ISO-2022-JP

インターネット上での電子メール等で日本語表現に用いられる 7 ビットコードで、JIS X 201 コード（半角カタカナを除く）や JIS X 208 コードを含んでいます。エスケープシーケンスと呼ばれる文字列を使って文字集合を切り替えます。

### ⑦ EUC-JP

EUC(Extended Unix Code)は、UNIX で使われてきた文字コードです。EUC-JP は ASCII コードと JIS X 0208 コードの文字集合に半角カタカナと JIS 補助文字を含む日本語の文字を扱う方式です。

### ⑧ Unicode（ユニコード）

世界で使われる全ての文字（古代文字、歴史的文字、数学記号、絵文字なども含む）を対象とする文字コードです。国ごと、メーカごとに独自に作られてきた文字コードの統一を図った方式で、Unicode 以前の文字コードとも相互運用性が考慮されています。文字符号化には、UTF-8、UTF-16 などが用いられます。最近のパーソナルコンピュータでよく利用されています。

このようにさまざまなコードが定義されています。文字・記号情報の発信者と受信者は、同じコード表を使います。違うコード表の場合は、文字化けが生じ、文字が正しく表示されない場合があります。

例えば、図 2.8 から文字「0」の JIS コードは「0030」であることがわかります。

| | 0 | 1 | 2 | 3 | 4 | 5 | 6 | 7 | 8 | 9 | A | B | C | D | E | F |
|---|---|---|---|---|---|---|---|---|---|---|---|---|---|---|---|---|
| 0020 | | ! | " | # | $ | % | & | ' | ( | ) | * | + | , | - | . | / |
| 0030 | 0 | 1 | 2 | 3 | 4 | 5 | 6 | 7 | 8 | 9 | : | ; | < | = | > | ? |
| 0040 | @ | A | B | C | D | E | F | G | H | I | J | K | L | M | N | O |
| 0050 | P | Q | R | S | T | U | V | W | X | Y | Z | [ | ¥ | ] | ^ | _ |
| 0060 | ` | a | b | c | d | e | f | g | h | i | j | k | l | m | n | o |
| 0070 | p | q | r | s | t | u | v | w | x | y | z | { | \| | } | ~ | ・ |
| 0080 | ・ | ・ | ・ | ・ | ・ | ・ | ・ | ・ | ・ | ・ | ・ | ・ | ・ | ・ | ・ | ・ |
| 0090 | ・ | ・ | ・ | ・ | ・ | ・ | ・ | ・ | ・ | ・ | ・ | ・ | ・ | ・ | ・ | ・ |
| 00A0 | ・ | ｡ | ｢ | ｣ | ､ | ･ | ｦ | ｧ | ｨ | ｩ | ｪ | ｫ | ｬ | ｭ | ｮ | ｯ |
| 00B0 | ｰ | ｱ | ｲ | ｳ | ｴ | ｵ | ｶ | ｷ | ｸ | ｹ | ｺ | ｻ | ｼ | ｽ | ｾ | ｿ |
| 00C0 | ﾀ | ﾁ | ﾂ | ﾃ | ﾄ | ﾅ | ﾆ | ﾇ | ﾈ | ﾉ | ﾊ | ﾋ | ﾌ | ﾍ | ﾎ | ﾏ |
| 00D0 | ﾐ | ﾑ | ﾒ | ﾓ | ﾔ | ﾕ | ﾖ | ﾗ | ﾘ | ﾙ | ﾚ | ﾛ | ﾜ | ﾝ | ﾞ | ﾟ |
| 00E0 | ・ | ・ | ・ | ・ | ・ | ・ | ・ | ・ | ・ | ・ | ・ | ・ | ・ | ・ | ・ | ・ |

図 2.8　JISコードの割り当て

**coffee break**

コンピュータ上でアルファベットや数字を表す文字で横幅が異なるものがあります。これは、**全角文字と半角文字の違いで、**

Ａ：全角文字　　A　：半角文字

といったものがあります。全角文字は２バイト、半角文字は１バイトで符号化表現されることから、**２バイト文字と１バイト文字と呼ばれます。**漢字やひらがななどは２バイト文字です。

## 2．3．4　音声はどのように表現するのでしょうか

**＜音波の表現（3 要素）＞**

音声は、空気の振動による波で伝達されるため、コンピュータのように0または1がはっきりと分けられたディジタルデータとして保存するには向きません。しかし、ディジタルデータとして保持できなければコンピュータ上で音を処理することはできません。

**音の高さ**は周期が短いほど、周波数が高いほど高音となります。**音の大きさ**は、振幅が大きいほど大きくなります。それ以外の要素で波形の微妙な違いが**音色**に影響します。

**（a）代表的な音声のディジタル化の方式**

音声のような時間に依存する信号をディジタル化する方法として代表的な考え方は

（１）波形符号化　代表的な例　PCM（pulse code modulation）

（２）パラメータ符号化　代表的な例　DCT（離散コサイン変換）があります。

ここでは（1）の方法を中心に解説します。

### （1）PCM（Pulse-Code Modulation）方式（A/D 変換）

この変換は次のような手順で行われます。

アナログ信号 → step1　標本化 → step2　量子化 → step3　符号化 → ディジタル信号

**Step1　標本化**

アナログ信号をある一定時間間隔で取り出します。これを標本化（サンプリング）といいます。取り出す時間を短くすればするほど元のアナログ信号に近づきます。1 秒間に標本化する回数をサンプリング周波数[Hz]といいます。サンプリング周波数を決めるときは標本化定理を利用します。

こうして標本化された量（標本値）は、まだアナログデータです。

**■標本化定理■**

標本化は、信号を時間軸方向に離散化することである。標本化は一般的に「帯域が $f_0/2$[Hz]以下の信号に対して、標本化周波数を $f_0$[Hz]以上にすれば、ひずみをともなうことなく信号を再生できる。」

という**標本化定理**（sampling theorem：**シャノン－染谷の標本化定理**）にもとづき行われます。

例えば、およそ 3.4kHz の信号帯域を有するアナログ電話音声をディジタル化するには、8kHz、可聴帯域（～20kHz）程度の音響信号の場合は、44.1kHz や 48kHz の標本化周波数が用いられます。

表 2.4　音の品質

| | |
|---|---|
| 電話並 | 5kHz |
| AM ラジオ | 8kHz |
| FM ラジオ、TV 音声 | 11kHz |
| 中程度の音質 | 22kHz |
| Digital Audio　など | 44.1kHz |

**Step2　量子化**

量子化（quantization）は、信号を振幅方向に離散化することです。あらかじめ用意しておいた、$q_1,q_2,q_3,\cdots,q_k$ を**量子化代表値**または**量子化レベル**といいます。量子化レベルが $2^n$ の量子化器を n ビット量子化器といいます。量子化器の量子化特性の例を図 2.10 に示します。横軸 x が量子化器に入ってくる標本値、縦軸 y が出力される量子化レベルを示します。図で例えば、$d_i \leqq x \leqq d_{i+1}$ の標本値は量子化代表値 $q_i$ に量子化されます。すなわち、$d_i$ と $d_{i+1}$ の間の値は、1 つの代表値となり、$d_i$ と $d_{i+1}$ の間の違いは**切り捨てられます**。切り捨てられた値が**量子化誤差**となります。

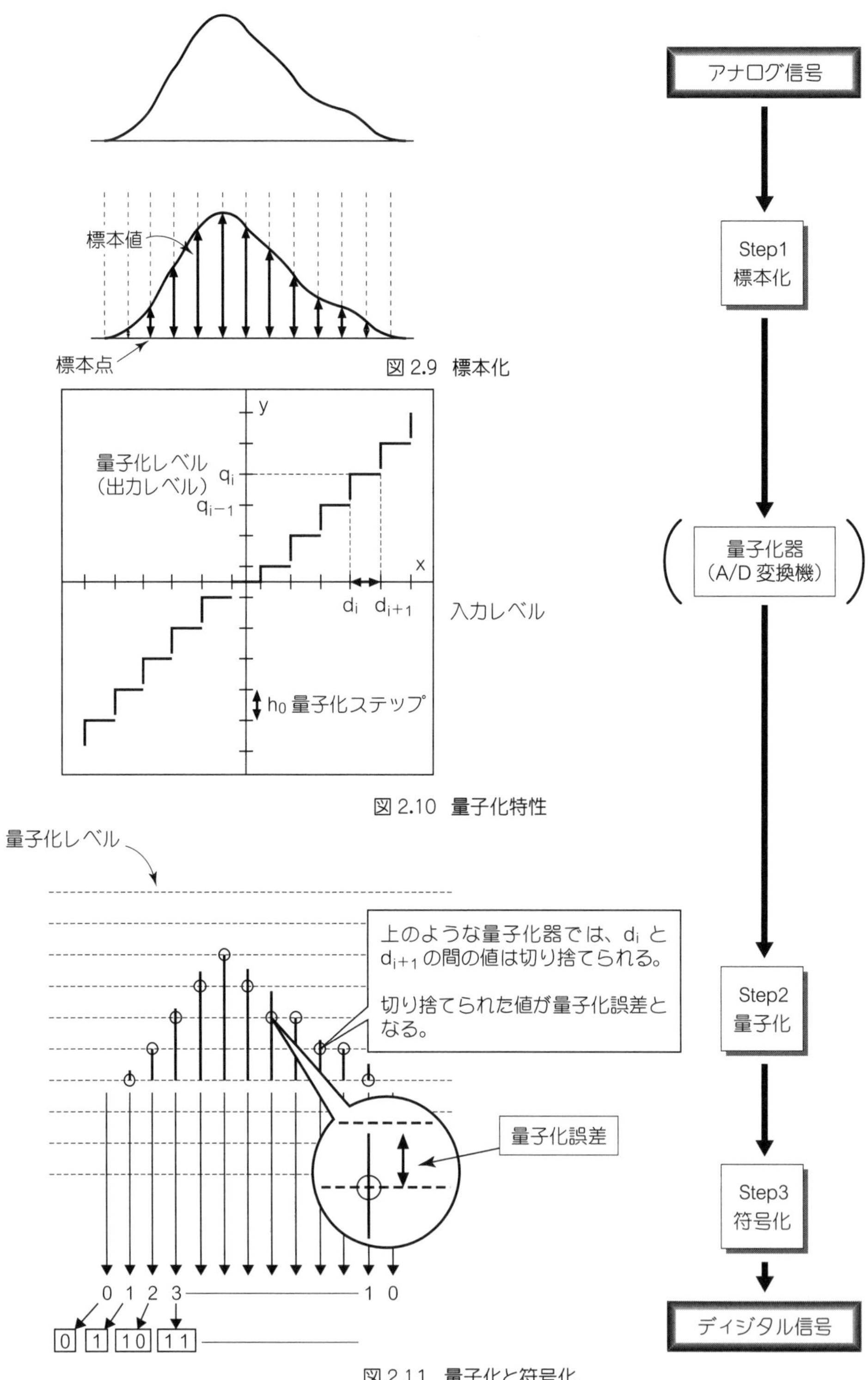


図 2.9 標本化

図 2.10 量子化特性

図 2.11 量子化と符号化

すべての量子化ステップを等しくなるようにしたものを、線形量子化または一様量子化といいます。量子化ビットを8ビットにすると256段階、16ビットにすると65536段階の量子化レベルとなります。一般的なCDオーディオの量子化ビットは、16ビットが利用されます。

量子化を行うときは量子化誤差が生じ、情報が欠落することを覚えておきましょう。

Step3　符号化

標本化と量子化により、時間と振幅を離散化されて得られた波形の代表値を2進数化（0と1で表す）します。これを**符号化**（encoding）といいます。

**■差分符号化 DPCM**（differential PCM）■

信号は連続的に変化しているため、隣同士は殆ど同じで、信号の変化量は小さくなります。この性質を利用して少ないビット数で信号を符号化するのが差分符号化です。

さらに、標本化周波数を高くすると、差分値 d[n] の絶対値は小さなものとなり、最終的には、前の信号より大きいか（＋）小さいか（－）がわかれば十分となります。このとき出力は＋を1、－を0とする1ビット長の符号語で十分となります。データ量を大幅に減らすことができます。この符号化法を、デルタ符号化、デルタ変調（delta modulation）と呼びます。

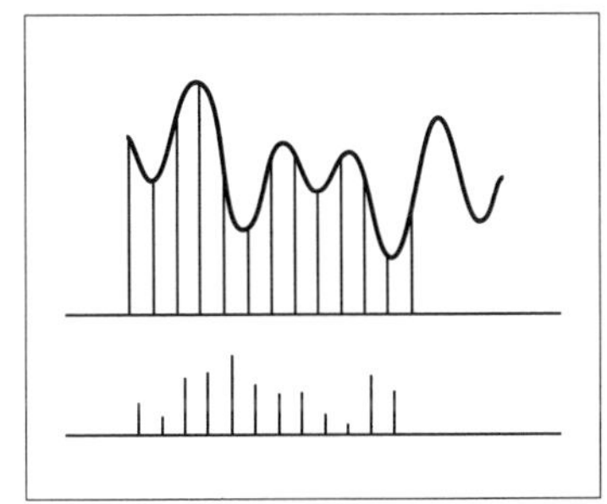

図2.12　符号化

**（２）パラメータ符号化**

波形をディジタルに変換する方法として PCM 方式と並びよく利用される方式として離散コサイン方式あるいはフーリエ変換が利用されます。

<MIDI>

音声の中でも特に音楽データには、電子楽器を相互にコントロールすることを目的に定められたMIDI（Musical Instruments Digital Interface）と呼ばれる規格が使用されます。

この MIDI では、例えば鍵盤楽器の場合、どの鍵盤をどのように弾いたかという演奏データのみを伝えます。したがって実際の音そのものは、インターフェースで接続された音源モジュールや電子楽器から出力されます。

また、MIDIには比較的少ないデータ量で音楽を再生できるというメリットがあります。

## 2.3.5 画像はどのように表現するのでしょうか

画像（静止画・動画）を表現するためのデータも、ディジタル化して、一定の形式で符号化して利用します。

コンピュータで扱う画像形式はさまざまあり、大きく分けると**ラスター**（raster）**型**と**ベクター**（vector）**型**になります。図形ソフトウェアは扱うデータ形式の違いからドロー系とペイント系に分けることができます。ペイント（paint）系ソフトウェアはラスター型のデータ構造、ドロー（draw）系ソフトウェアはベクター型のデータ構造でデータを処理します。

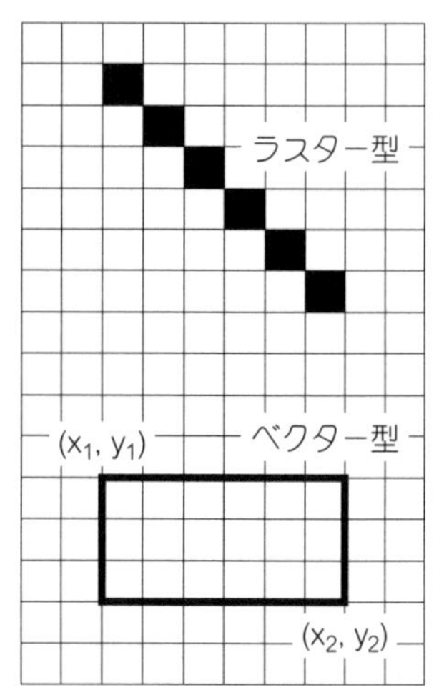


図 2.13　画像形式のイメージ

ラスター型は、画像を画素と呼ばれる細かな格子単位に分割し、各画素の色情報を保存することで画像を記録します。ディジタルカメラやイメージスキャナなどから取り込んだ画像がこの方式のデータ構造です。データ量は画素数に比例します。画像を拡大すると画素のギザギザが見えてしまう特徴があります。拡大・縮小が不得意で、1枚の画素情報だけをもつため、画像を重ねると下の画像情報は消えてしまいます。お絵かきソフトウェアや写真を編集するためのフォトタッチソフトウェアなどがあります。

ベクター型は、画像を図形としてとらえて、図形を構成している直線や曲線などの要素に分解して、各図形の要素の種類や座標点で図形を記憶するデータ構造です。図形の移動、拡大・縮小など図形変換機能に適しています。CADやアニメーションなどのソフトウェアに利用されます。

### ＜写真などの静止画＞

写真などの画像をコンピュータで処理するには、画像をラスター型のデータとしてディジタル化することが適しています。

### 【白黒（2値）画像のディジタル化】

画像をディジタル化するためには、画像を細かい格子に分割し、これを最小単位として扱います（**標本化**）。この最小単位を**ピクセル**（または**画素**）と呼びます。また、画像をどれだけ細かく分割するかを**解像度**といいます。次に、各ピクセルを白か黒かのどちらか（2値）で表現します（**量子化**）。最後に、白か黒かを2進数で表します（**符号化**）。

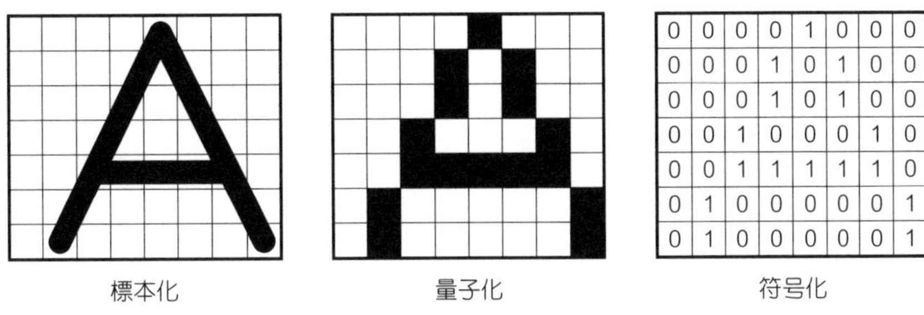


図 2.14　2 値画像のディジタル化

**【濃淡画像のディジタル化】**

本来の画像の濃淡は連続的に変化しています。量子化する段階で、白と黒の間を何段階かに分けて濃淡を表現すれば、元の画像に近い濃淡を表現することができます。

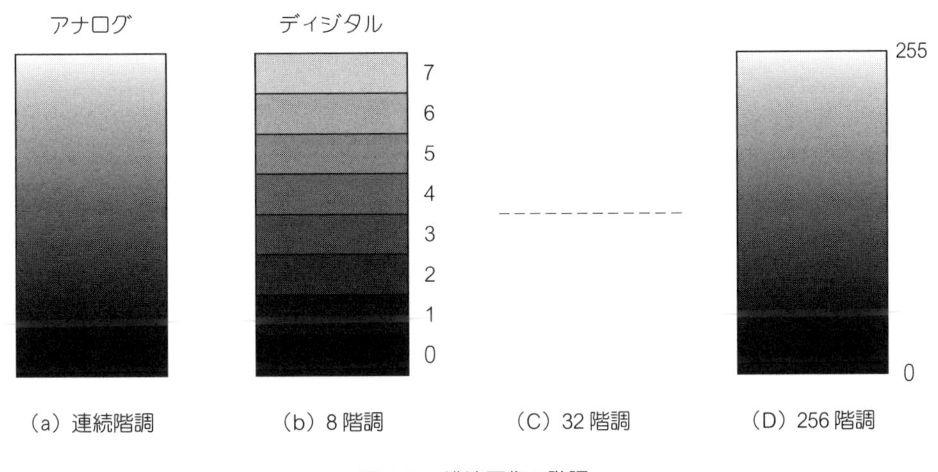


図 2.15　濃淡画像の階調

**【カラー画像のディジタル化】**

色を表現する方法はいくつかあります。1 つは、**光の三原色**である赤、緑、青を重ねて色を作り出す方法です。赤（R：波長 625-740nm)、緑（G：500-565nm)、青（B：450-485nm）の光の濃淡を調整することで、あらゆる色を作り出すことができます。光を重ねると明るさが増し、白に近づきます（**加法混色**)。

色を表す他の方法の 1 つは、絵の具の色を混ぜて作り出す方法です。色の三原色は、シアン（C)、マゼンダ（M)、イエロー（Y）です。これらの色を重ねると明るさが減少し黒色に近づきます（**減法混色**)。この方法は印刷物などに使われます。より自然の色にする目的で黒色インクも併用され、一般に CMYK(Cyan, Magenta, Yellow, Key plate)と呼ばれます。

カラー画像をディジタル化するには、先の濃淡画像の場合と同様に、画面を標本化し、各ピクセルの色を光の 3 原色（R、G、B）に分解し、それぞれの濃淡を量子化し、符号化します。

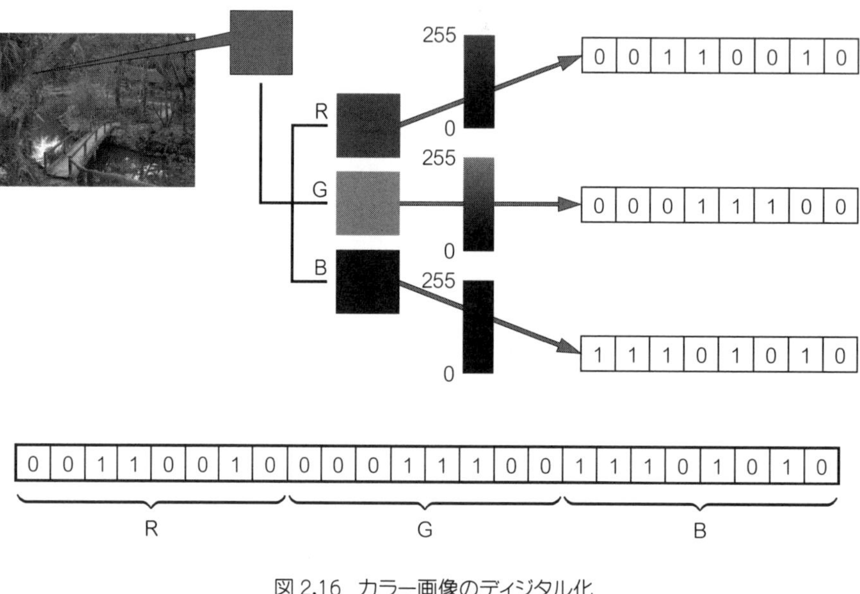


図 2.16　カラー画像のディジタル化

従って、写真の矢印のピクセルの色情報は 2 進数でデータ化することができます。R, G, B を 256 階調で表現すると、各色に 8 ビット必要になります。3 色では 256×256×256＝16,777,216 色が表現でき、1 ピクセル当たりに 24 ビット必要となります。これだけの色は人が区別できる色の数を超えています。そのため 24 ビットカラー画像は**フルカラー**画像と呼ばれます。

ディスプレイの一画面が 1280×720 のピクセルからできていたとすると、フルカラーで表現するために必要な情報量は

$$1280 \times 720 \times 24\ (\mathrm{bit}) = 22{,}118{,}400\ (\mathrm{bit}) = 2{,}764{,}800\ (\mathrm{B}) \fallingdotseq 2.76\ (\mathrm{MB})$$

となります。このように、画像は情報量が多いため、静止画は JPEG（Joint Photographic Coding Experts Group）や GIF（Graphics Interchange Format）などのデータ圧縮技術を利用します。圧縮技術が利用できるのはディジタルデータの特徴の 1 つです。

## ＜動画、ディジタルビデオ＞

### ■動画のディジタル化

短い時間間隔で静止画を切り替えて動画を表現する方法は、人の残像現象を利用したものです。本来、連続的な光の変化として伝ってくる動画を時間的な切り口で標本化されたものが静止画像です。

静止画は2次元的な位置情報によって表現されますが、動画は位置情報に加えて時間的変化を加えた3次元のデータの集まりと考えることができます。そのイメージを図2.17に示します。

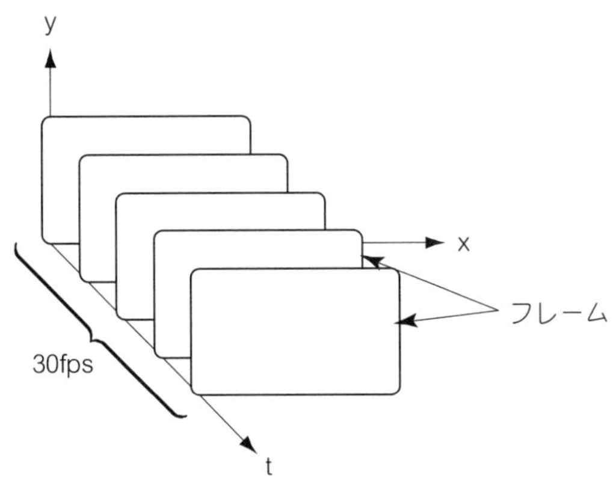


図2.17　動画のディジタル化イメージ図

動画を映し出すテレビは1秒間に30枚の静止画（フレーム）、映画は24枚のフレームを表示します。1秒間に表示するフレーム数をfpsで表します。

今、1フレームが1280×720（ピクセル）としたとき、30fpsのフルカラーの動画を10秒間保存するために必要な情報量を求めてみましょう。

1フレームの情報量＝1280×720×24（bit）＝2.76（MB）

1秒間の情報量＝2.76（MB）×30＝82.9（MB）

10秒間の情報量＝82.9（MB）×10＝829（MB）

たった10秒で829（MB）の膨大な情報量となります。このままでは、動画を保存することも通信することも現実的ではありません。

**■動画の圧縮**

このような膨大な量の映像情報を短時間に伝達したり、あるいは記録メディアに効率よく記録するために、データをコンパクトに圧縮し、再生時に伸張（復元）する技術の1つがMPEG（Moving Picture Coding Experts Group）方式です。MPEGには、MPEG-1やMPEG-2、MPEG-4などの国際標準規格があります。

MPEG-1はCD-ROMに動画を保存することを目的に開発された規格です。MPEG-2はDVD（Digital Video Disc）などの高画質の動画に採用されている規格で、5Mbpsの伝送速度ではテレビ受信品質に対応し、10Mbps以上の伝送速度ではハイビジョンクラスの高品位映像に対応することができます。ここで、bps[ビット／秒]は伝送速度（ビットレート）の単位です。MPEG-4はネットワークでの映像配信を想定し、低ビットレートでの符号化をできるようにする規格です。動画の圧縮には、H.264/MPEG-4 AVC、H.265/HEVC、H.266/VVCなどの規格があります。

# 第2章　演習問題

1．$(25)_{10}$　を 2 進数に変換せよ。

2．$(1806)_{10}$　を 16 進数に変換せよ。

3．$(1100.11)_{2}$ を 10 進数に変換せよ。

4．$(-20)_{10}$ を 8 ビットの 2 進数（2 の補数表現）に変換せよ。

5．同一ワード長の固定小数点表現と浮動小数点表現の特徴を比較しなさい。

6．正数と実数の表し方の違いを述べなさい。

7．ディスプレイの画面が 1280×1024 ピクセルからできているとすると、フルカラーで表現するために必要な情報量を求めなさい。また、30 秒の動画を保存するのに必要な情報量を求めなさい。

8．ラスター型とベクター型の特色を比較してまとめなさい。

9．標本化定理について述べなさい。

10．量子化誤差について述べなさい。

11．ディジタル化の特徴をまとめなさい。

12．動画像を圧縮する符号化方法をあげなさい。

# 第 3 章　ハードウエアの基礎

ここでは、入出力装置、記憶装置、中央処理装置について詳しく述べていきます。

## 3.1 入出力装置

私たちはコンピュータを、データをコンピュータの外部から取り込む入力装置と、コンピュータで処理した結果をコンピュータの外部に取り出す出力装置を身近に使って利用します。これらの両装置を合わせて入出力装置といいます。

いろいろな種類の入出力装置は**入出力インタフェース**を介してデータのやり取りを行います。入出力インタフェースは、コンピュータシステムを構成する**入出力装置**と**コンピュータを接続する機能単位**のことです。最近のパソコンではほとんどのものが USB（Universal Serial Bus）に置き換わっていますが、特殊な装置と接続するための専用のものを含め、表 3.1 のような種類があります。

これらの規格以外に、ケーブルを使用しない方法として、IrDA と Bluetooth などがあります。IrDA は、赤外線を使って装置間を接続し、ノートパソコン、PDA(Personal Digital Assistants) などで使われます。通信可能距離は最大で 1m であり、装置間に遮へい物があると通信できません。また Bluetooth は、無線を使って装置間を接続し、ノートパソコン、PDA、ディジタルカメラ、携帯電話などで使われます。通信可能距離は機器間の障害物の有無にかかわらず 10m です。

表 3.1 入出力インタフェースの例

| 分 類 | 名 称 | 用 途 | 転送速度 |
|---|---|---|---|
| シリアルインタフェース<br>(データを 1 ビットずつ直列[シリアル]に転送する方法) | USB | キーボード、マウス、モデム、プリンタ、スピーカなど | 12Mbps(USB1.1)<br>480Mbps(USB2.0)<br>5～20Gbps(USB3.2) |
| | RS-232C | モデムなど | 28.9kbps, 33.6kbps<br>115.2kbps |
| | IEEE1394<br>(Firewire) | ビデオカメラ、DVD、ディジタルカメラ、磁気ディスク装置など | 100Mbps, 200Mbps,<br>400Mbps |
| | シリアル ATA | 磁気ディスク装置、CD-ROM 装置など | 1.5Gbps, 3Gbps, 6Gbps |
| | HDMI | ディスプレイ装置、映像装置など | 4.95Gbps～48Gbps |
| | DisplayPort | ディスプレイ装置 | 8.64Gbps～77.37Gbps |
| | DVI | ディスプレイ装置 | 3.7Gbps |
| | VGA<br>(D-Sub) | ディスプレイ装置 | |
| パラレルインタフェース<br>(データを複数のケーブルを用いて並列[パラレル]に転送する方法) | セントロニクス | プリンタ、プロッタ、ディジタイザなど | 150kbps |
| | GP-IB | 計測機器、周辺装置など | 1kbps～1Mbps |
| | SCSI | 磁気ディスク装置、CD-ROM 装置、磁気テープ装置、イメージスキャナなど | 1.5Mbps～4Mbps |
| | IDE/E-IDE | 内蔵ハードディスクや CD-ROM 装置(IDE で 2 台、E-IDE で 4 台まで接続可能) | 1064Mbps など |

bps：伝送速度の単位で、[ビット／秒]を表す。

## 3．1．1　入力装置（Input Devices）

入力装置とは、コンピュータの外部からデータを取り込む装置で次のようなものがあります。

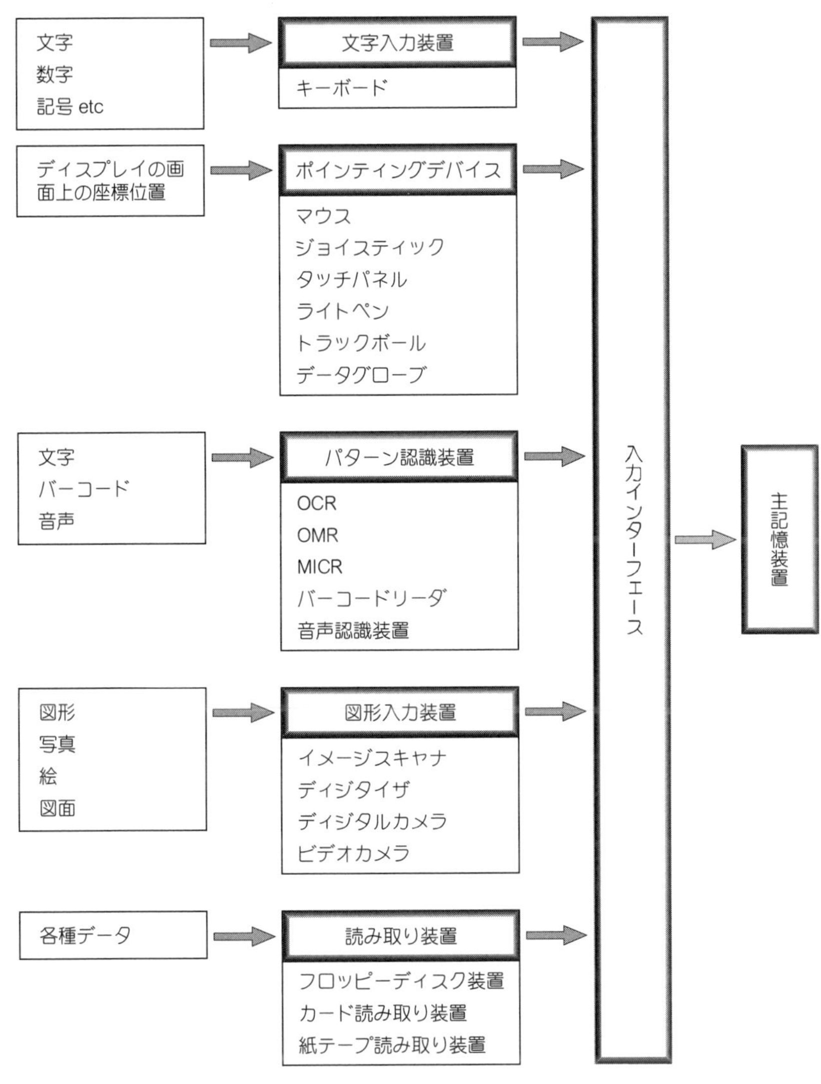


図 3.1　入力装置

**＜ポインティングデバイス＞**

ポインティングデバイスはディスプレイの画面上の座標位置を入力する装置の総称です。

**[デバイス]** デバイスとは装置や道具を差す言葉です。コンピュータに接続して用いる周辺機器をデバイスといいます。例えば、キーボード、ディスプレイ、プリンタなどはコンピュータシステムのデバイスということになります。スマートフォンやウェアラブルデバイスなど単体で動作する機器もデバイスと呼びます。

●**マウス**：マウスを動かすと、ボールの回転や光学的な位置検出によって、その移動方向と移動量にあわせて画面中のポインタが移動します。

●**ジョイスティック**：操作棒を倒す方向と角度に応じた座標位置の指定を行います。主にゲーム用の入力装置として使用されます。

●**タッチパネル／タッチスクリーン**：パネル上のセンサが指を触れることによって変化する電圧を感知し、触れた位置をデータとして入力する装置です。

●**ライトペン**：受光素子を付けたペンでCRT画面上の位置を直接指定し、その位置を入力する装置です。

●**トラックボール**：ボールを指で回転させて、回転方向と回転量に対応した分だけ、表示画面中のカーソルを移動させる装置です。

●**データグローブ**：薄手の手袋の指の部分に樹脂製の光ファイバを這わせて、指を曲げることによる変形を測定する装置です。

**＜パターン認識装置＞**

●**OCR**（Optical Character Reader）**光学的文字読み取り装置**：文字データに光を当てて読み取り、文字コード（各文字に対応したビットデータ）に変換する装置です。

・規格文字読み取り用OCR：規格どおりに印字した文字を読み取る。

・手書き文字読み取り用OCR：手書きの文字も読み取れる。

●**OMR**（Optical Mark Reader）**光学的マーク読み取り装置**：一定の形式で設けた用紙（カードやマークシート）上の欄に、鉛筆またはペンなどで印をつけて情報を表現したものを、光学的に読み取る装置です。

●**MICR**（Magnetic Ink Character Reader）**磁気インク文字読み取り装置**：磁性体を混ぜた特殊なインクで書いた文字（この磁気インク文字は、人間にも機械にも読み取れるように工夫してある）を、磁気ヘッドを使って読み取る装置です。
磁性体の文字パターンで文字を識別するため、帳票が汚れていても正しく読み取れるので、いったん書き込んだ文字は消したり書き換えたりできないという利点があります。そこで、小切手や手形など勝手に書き換えられては困るが、多少汚れがあっても正確に読み取りたいときなどに用いられます。

●**バーコードリーダ**（Optical Barcode Reader）：太さの異なる縦線の組み合わせ（バーコード）で表した英数字データに、レーザ光を当てて光学的に読み取り、文字コードに変換する装置。POSシステム末端の入力デバイスとして標準的に使用します。

●**音声認識装置**（Voice Recognizing Unit）：人間の音声を識別し、文字コードに変換する装置。音声認識専用のLSI（大規模集積回路）の開発により、特定話者の音声は低い誤り率で入力できて、単語認識が可能な水準に達しています。

<図形入力装置>

●**イメージスキャナ**（Image Scanner）：絵や写真、図面、文書などに光を当てて、その反射光や透過光の強さをCCD（Charged Coupled Device、半導体受光素子）を使って測定して、これをディジタル信号に変換し、ディジタル画像データとして入力する装置です。

画像（イメージ）データは、画像を画素（Pixel：画像取り込み装置で識別できる最小単位の点、またはディスプレイに表示できる最小単位の点）に細分化して、白黒の場合にはその画素が白か黒かのいずれか近い方のデータとし、またカラーの場合には、その画素の色に最も近い色素の組み合わせのデータとするものです。

●**ディジタイザ**（Digitizer）：図形情報をコンピュータに入力するための装置で、図面などを平板（パッド）の上に置き、ペンやカーソルで点を指示したり、線をなぞったりすると、その位置を検出し、図形情報（座標情報）をディジタル信号に変換してコンピュータに入力できます。

またCAD（Computer Aided Design）やコンピュータグラフィックス（Computer Graphics）の図形入力に、グラフィックディスプレイと組み合わせたマンマシンインターフェースとしても使用されます。

一般的に大型のものをディジタイザ、小型のものをタブレットと呼んでいます。

●**ディジタルカメラ**（Digital Camera）：CCD（半導体受光素子）を使用して画像を電気信号に変換し、ディジタルデータとしてフラッシュメモリ、スマートメディア、コンパクトフラッシュなどの半導体メモリに記録するカメラです。

●**ディジタルビデオカメラ**（Digital Video Camera）：ディジタル方式で映像信号を記録するビデオカメラです。

<読み取り装置>

●**フロッピーディスク装置**（Floppy Disk Drive Unit）：フロッピーディスクのデータを読み書きする磁気ディスク装置で、パーソナルコンピュータで使われていました。本体外部に増設できるものもあります。

●**カード読み取り装置**（Card Reader）：カード状媒体のデータを読み取るための装置です。

カード状媒体としては、紙のマークカード、磁気カード（銀行のキャッシュカード、信販会社のクレジットカード、自動改札システムで使われる定期乗車券、テレホンカード、プリペイドカードなど）、レーザーカード（名刺サイズの大容量の記憶媒体、約2メガバイト）、ICカード（ICメモリを内部に持つカード状の記憶媒体）があり、それぞれのカードを読み取る装置があります。

●**紙テープ読み取り装置**（Paper Tape Reader）：紙テープの穿孔の組み合わせで表現した文字データを読み取る装置です。

●**メモリカードリーダ**（Memory Card Reader）：SDカードやコンパクトフラッシュなどのメモ

リカードのデータを読み書きする装置です。カードの種類ごとにスロット形状が異なりますが、複数のカードに対応したリーダも多く販売されています。

**【ユーザインタフェース】**ソフトやハードを使用して、対話処理（コンピュータに対して指示を与え、何らかの処理が行われた後、再び指示や応答を出しながら仕事を進めていく処理）による入力を円滑に進めていくしくみや工夫を、**ユーザインタフェース**といいます。ソフト面では、プロンプト、メニュー、アイコンなどによる入力勧誘（人間に対して指示やデータの入力を促すこと）、ヘルプ、ウィンドウなどがあり、ハード面ではポインティングデバイスやATM、POSなどの専用端末があげられます。

また、グラフィカルユーザインタフェース（GUI：graphical User Interface）はコンピュータの操作を図式化した画面で行えるように工夫しているしくみを指しています。

## 3．1．2　出力装置（Output Devices）

出力装置はコンピュータの内部にある処理結果などのビットデータを、人間が理解できる形式で画面や用紙、フィルムなどに取り出す装置です（図3.2）。

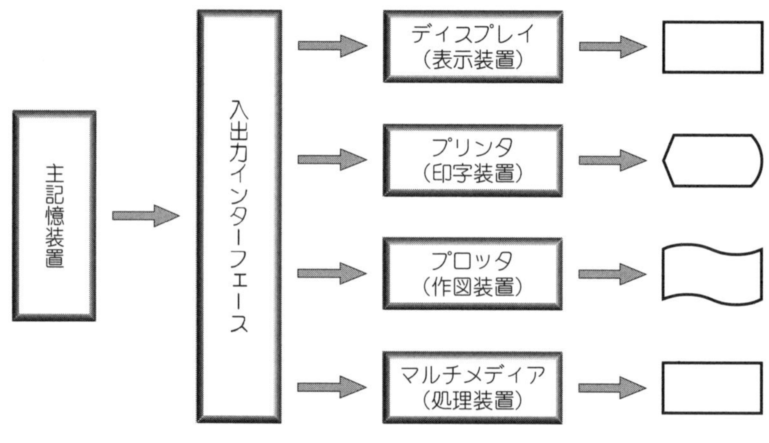


図3.2　出力装置

**<ディスプレイ（Display）>**

コンピュータからの出力データを人間に見えるようにして、CRTや液晶パネルなどの画面に表示する装置です。

**(1)CRTディスプレイ（Cathode Ray Tube Display）**

電子ビームを磁界や電極で偏向させて、蛍光物質が塗布してある表示面にぶつけて光らせることを利用する陰極線管（ブラウン管）です。

図形をすべて点の集合とみなして、電子ビームを水平方向に動かす間に必要な点を次々に描画していき、これを画面全体にわたって走査するラスタスキャン方式が多く使われます。

**(2)液晶ディスプレイ（LCD：Liquid Crystal Display）**

電圧によって分子構造が変わり、光の透過度が変化する液晶を用いて、光の透過と遮断を行う画素を格子状に並べた表示装置です。

軽量、小型で消費電力が少なく、電卓、ワープロ、コンピュータの文字や図形表示装置に用いられます。

**＜プリンタ（Printer）＞**

用紙に文字列のデータを出力する装置です。

**(1)インパクトプリンタ**

たたいたり、打ち付けたりする機械的な衝撃（インパクト）をインクリボンに与えて印字する方式のプリンタです。

**①シリアルプリンタ**（Serial Printer）

印字行の端から順番に1文字ずつ印字するプリンタ

**＊活字方式プリンタ**

印字する活字の部分が、用紙の印字位置にきたときにインクリボンをたたく方式

**＊ドットプリンタ**

24×24、32×32、48×48などの点（ドット）の組み合わせで、印字位置ごとに文字を作って印字するシリアルプリンタ

**②ラインプリンタ**（Line Printer）

1行（1ライン）分の文字をまとめて一度に印字するプリンタ

**＊活字方式プリンタ**

高速で回転する活字ドラムや活字チェーンにインクリボンと用紙を後ろからハンマーでたたきつけて印字します。

**＊ドットプリンタ**

印字ヘッドを複数もち、1行の文字を分割して印字するプリンタや、1行を上から複数ドット単位で何回かに分けて印字するプリンタがあります。

**(2)ノンインパクトプリンタ**

機械的な衝撃を与えずに印字するプリンタです。

**①ページプリンタ**（Page Printer）

電子写真式で印字する1ページ分の印字パターンを一括して処理するプリンタ。レーザプリンタがその代表。

**②サーマルプリンタ**（Thermal Printer）

＊感熱式プリンタ

通電により発熱するサーマルヘッドと熱により発色する感熱紙を用います。

＊熱転写プリンタ

サーマルヘッドとフィルムリボンを用います。

**③インクジェット式プリンタ**

帯電したインクの粒子をノズルから噴出させ、磁場により偏向させて用紙に吹き付けて印字します。

**④カラープリンタ**（Color Printer）

多色印字、カラー画像等の印字ができるプリンタ。インクジェット式、レーザ式、昇華型染料を利用する方式があります。

**<プロッタ（Plotter）>**

用紙上に図形を描く作図装置です。

コンピュータによる図形処理の結果を、プリンタよりも精度の高い図面にして出力することが可能です。XYプロッタ、静電プロッタ、インクジェットプロッタの種類があります。CAD（Computer Aided Design）というコンピュータを使った設計業務やCAM（Computer Aided Manufacturing）と呼ばれるコンピュータを使った製造業務などで使用されます。

**<マルチメディア処理装置（Devices for Multi-Media）>**

マルチメディアとは、文字（テキスト）、音声、静止画、動画などを融合して使うことをいい、マルチメディア処理とは、音声や画像などすべてをコンピュータが処理できる0と1を組み合わせたデータとして（ディジタル化）、コンピュータを使ってもとの状態を再現したり、データの加工を行ったりすることです。

**(1)画像（Image）**

ディジタルカメラ、イメージスキャナ、ビデオなどから静止画や動画をディジタル画像データとしてパーソナルコンピュータに取り込んで、編集、加工、再生などを行います。

画像をきれいにするには、高性能グラフィックボード（コンピュータの信号を表示用のビデオ信号に変換する）を用い、またディスプレイの解像度や表示色を高め、さらにグラフィックアクセラレータ（画像の処理速度や表示できる解像度を上げるためのボード）を用いて表示速度を高めることにより行います。

グラフィックボードには、VGA（Video Graphics Array）、SVGA（Super VGA）の規格があります。画像データは非常に大きなデータとなるため、圧縮や伸張が行われるが、そのための静止画に対するJPEG（Joint Photographic Experts Group）、動画に対するMPEG（Moving Picture Experts Group）という規格がISOにより制定されました。

(2)音声（Voice）

コンピュータで音声を出す装置を音源といいます。音源にはコンピュータ内の音声データによって、いくつかの音を組み合わせて原音に近い音にする FM 音源と、原音をそのままディジタル信号にして再生する PCM 音源があります。

FM 音源は低価格できれいな音を再生できるのでパーソナルコンピュータなどで標準的に内蔵している場合があります。PCM 音源は音のデータを自由に加工することができるが、パーソナルコンピュータに内蔵していることは少なく、通常 PCM サウンドボードなどと呼ばれる装置を用います。

楽器をコンピュータで制御して自動演奏させるとか、演奏した曲の譜面をデータとしてコンピュータに取り込むことができますが、このための規格が MIDI（Musical Instrument Digital Interface）です。電子楽器にはほとんど MIDI 対応の端子がついています。

# 3.2 記憶装置

ここでは主としてコンピュータの主記憶装置と補助記憶装置について述べます。記憶装置は、コンピュータの中央処理装置、周辺装置、その他コンピュータ以外の機器でも用いられます。

## 3．2．1 記憶装置の性能は何で評価するのでしょうか

記憶装置の能力は、記憶容量、アクセス時間で評価します。

**＊記憶容量**

記憶容量は一般にバイト数で表します。製品の値表記では、2 進数で表現した 1 KB = 1,024 B (= $2^{10}$ B）という単位が慣用的に用いられています。

表 3.2 記憶容量の単位

| 単位記号 | 製品で表記される値 | 参考：国際単位系での値 |
|---|---|---|
| 1 キロバイト（KB） | $2^{10}$ B = 1,024 B | $10^{3}$ B = 1,000 B (= 1 kB) |
| 1 メガバイト（MB） | $2^{20}$ B = 1,024 KB = 1,048,576 B | $10^{6}$ B = 1,000 kB = 1,000,000 B |
| 1 ギガバイト（GB） | $2^{30}$ B = 1,024 MB = 1,073,741,824 B | $10^{9}$ B = 1,000 MB = 1,000,000,000 B |
| 1 テラバイト（TB） | $2^{40}$ B = 1,024 GB = 1,099,511,627,776 B | $10^{12}$ B = 1,000 GB = 1,000,000,000,000 B |

**＊アクセス時間**

記憶装置にデータを記憶させることを「書く」、「書き込む」といい、記憶装置からデータを取り出すことを「読む」、「読み出す」といいますが、データを読み出したり、書き込んだりする指令を受けてから、それらを完了するまでに要する時間を**アクセス時間**といいます。

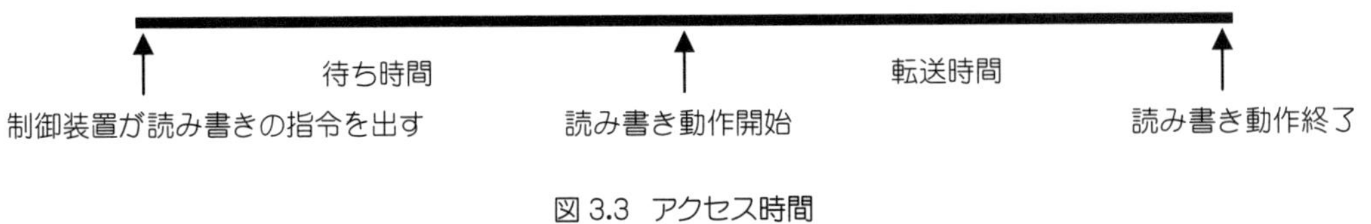


図 3.3　アクセス時間

アクセス時間は秒で表します（表 3.3）。

表 3.3　アクセス時間の単位

| 単位記号 | 値 |
|---|---|
| 1ミリ秒（ms） | $10^{-3}$ s = 0.001 s |
| 1マイクロ秒（μs） | $10^{-6}$ s = 0.001ms = 0.000,001 s |
| 1ナノ秒（ns） | $10^{-9}$ s = 0.001 μs = 0.000,000,001 s |
| 1ピコ秒（ps） | $10^{-12}$ s = 0.001ns = 0.000,000,000,001 s |

記憶装置は、記憶容量が大きいほど、またアクセス時間が短いほど高性能な装置ということになります。

## 3. 2. 2　主記憶装置

主記憶装置は**メインメモリ**（あるいは**メモリ**）と呼ばれ、コンピュータを動作させる際にデータやプログラムを展開する場所として使用されます。主記憶装置の記憶容量はあまり大きくないので、すべてのプログラムやデータを記憶させることはできません。またアクセススピードは補助記憶装置の数倍の速さですが、電源が切れると記憶内容が消えてしまう性質をもちます。

**【主記憶装置の中は？】**

主記憶装置はアドレス選択回路、記憶領域、読み書き回路で構成されています。図 3.4 の模式図に示すように、記憶領域は 1 ワード（Word）の大きさ（容量）をもつ数多くの区域に分けられていて、各区域にはアドレス（Address：番地）が付けられています。1 ワードに割りあてられる大きさは、8 ビット、16 ビット、24 ビット、32 ビットなどがあり、コンピュータの種類によって異なります。また記憶区域の数（アドレス空間）は、1 ワードの大きさによって決まり、16 ビット 1 ワードのときには $2^{16}$ = 655,536 すなわち 0 番地から 65,535 番地まで、32 ビット 1 ワードのときには $2^{32}$ = 4,294,967,296 すなわち 0 番地から 4,294,967,295 番地までとなります。

入力装置からデータやプログラム命令を主記憶装置に記憶させるときには、アドレス（番地）を指定して行われます。

また主記憶装置のなかのデータやプログラム命令が、CPU に取り込まれる際には、制御装置からその取り出したいアドレスをアドレス選択回路に送り、この回路でそのアドレスに該当する命令やデータを見つけます。これらは読み書き回路を通じて、命令の場合には制御装置に、またデータの場合には演算装置に送られます。なお、コンピュータの動作原理については、3.3.1 項と 3.3.2 項で詳しく述べます。

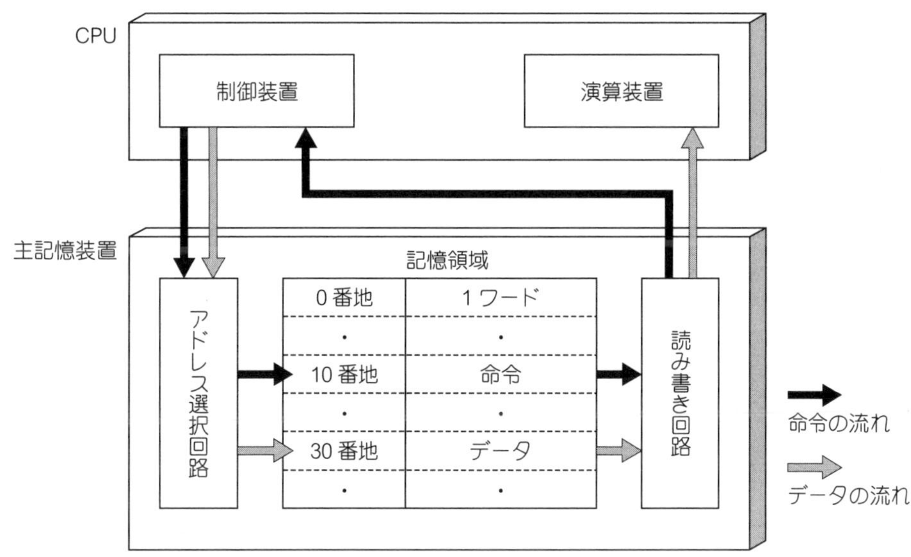


図 3.4 主記憶装置

**【IC メモリの種類にはどのようなものがあるのでしょうか】**

現在のコンピュータでは、主記憶装置や CPU などに **IC メモリ**（Integrated Circuit Memory：集積回路メモリ）を使用しています。IC メモリは、数ミリ角の素子（チップ）に多数のダイオードやトランジスタを埋め込んだ半導体による電子回路を集積化して、1 ビットのデータ（「0」か「1」）を電圧の高低や電荷の有無などで記憶するようにした記憶素子です。 IC メモリは、RAM と ROM に大別されます。

RAM は、電気的に読み書きができるメモリ素子で、SRAM と DRAM に分けられます。SRAM は電気が切れない限り記憶が保持され、バッテリーでバックアップすると主電源が切れても記憶が失われない不揮発性メモリとして利用できます。DRAM は、規則的にリフレッシュパルスを与えることで記憶を保持します。

ROMは、電源が落ちてもデータは保持され、基本的にデータの書き換えが必要ない場合に用います。

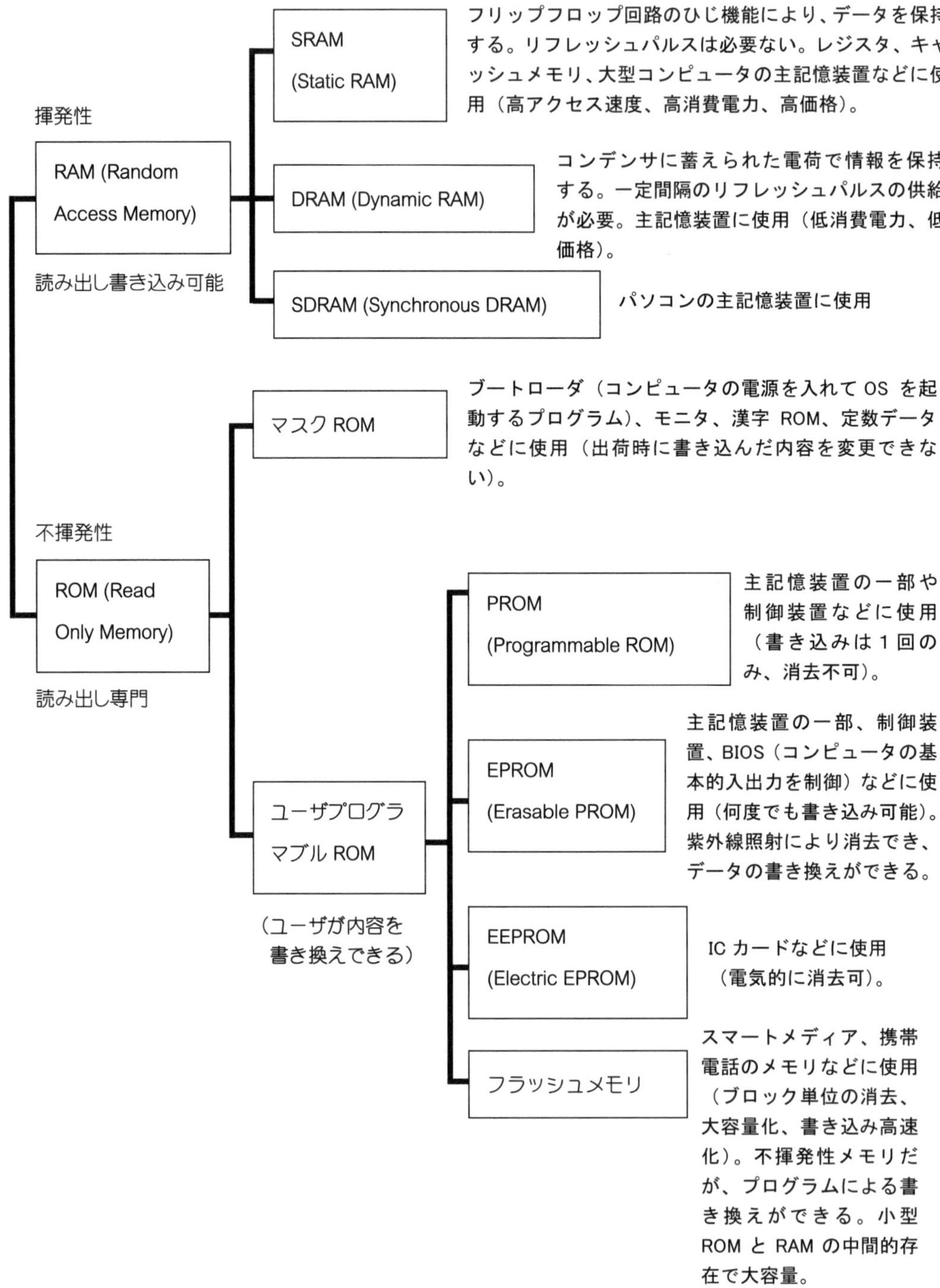


図3.5　ICメモリの種類

### 3.2.3 記憶装置の階層構造

記憶装置は、CPUの演算装置内部のレジスタから外部記憶装置まで階層化されています。記憶装置をコンピュータの中心部であるCPUから周辺部へ階層的に整理すると、大きく内部記憶装置、外部記憶装置、周辺記憶装置（補助記憶装置）に分けることができます。

内部記憶装置は、階層的に上位に位置しているものほど高速になり、キャッシュメモリは、全体の処理速度の向上に大きな役割を果たしています。

外部記憶装置では、階層構造がそれほど明確ではありませんが、システムソフトウェアや重要なデータを保持し、通常の業務に使用する二次記憶とバックアップなどに使用します。データを管理する視点から記憶装置を整理すると表3.4のようになります。

表3.4 記憶装置の階層構造

| | 名称 | 記憶素子 | アクセス速度 | 容量 | 用途 |
|---|---|---|---|---|---|
| 内部記憶装置 | レジスタ | MOSIC SRAM | 1～10n秒 | ～1KB | CPUに内蔵された一時保存用高速メモリ |
| | キャッシュ | MOSIC SRAM | 2～50n秒 | 10K～4MB | 使用頻度の高いデータを一時保存し、主記憶との速度差を緩衝する。 |
| | 主記憶 | MOSIC DRAM | 50～300n秒 | 10M～2GB | 実行中のプログラムやデータを保持する大容量メモリ |
| | ディスクキャッシュ | MOSIC SRAM DRAM | 0.2～1m秒 | 20M～10GB | CPUのディスクへアクセスを一時的に代行する |
| 外部記憶装置 | 半導体ディスク | MOSIC | 0.2～1m秒 | 20M～10GB | 外部記憶に読み書きする際、アクセス頻度の高いファイルなどを一時保管して、アクセス時間の緩衝をする |
| | 外部記憶（二次記憶） | 磁気ディスク | 10～100m秒 | 20M～100GB | プログラムやデータ、処理結果を保存する外部記憶装置 |
| 周辺記憶装置 | 周辺記憶 | 磁気ディスク 磁気テープ 光ディスク 超大型記憶装置（MSS） | 1～100m秒 | 100M～1TB | 大容量のデータを保存したり、バックアップする周辺機器としての記憶装置 |

MOSIC：mos（金属酸化物半導体）を用いたFET（電界効果トランジスタ）。

### 3.2.4 補助記憶装置

補助記憶装置（外部記憶装置＋周辺記憶装置）は、主記憶装置の容量不足を補い、電源が切れても記憶内容を保持する役割をもつ装置です。プログラム実行時には、主記憶装置に必要最小限のものだけを記憶させます。また主記憶装置に入らなかった情報は、必要に応じて補助記憶装置から主記憶装置へ読み出して使用する仕組みになっています。

補助記憶装置は、主記憶装置の記憶容量不足と揮発性によるデータの消失を補うための、大容量の記憶装置です。補助記憶装置からは中央処理装置に直接アクセスできません。補助記憶装置のプログラムやデータはいったん主記憶装置に格納（記憶）してから使用するか、入出力装置を介してアクセス（読み書き）します。

汎用コンピュータでは磁気テープ記憶装置、磁気ディスク装置が使用され、パーソナルコンピュータではフロッピーディスク装置、ハードディスク装置、CD－ROM、CD－R、CD－RW、光ディスク装置などが使用されます。

**＜フロッピーディスク装置（Floppy Disk Drive Unit：FDD）＞**

フロッピーディスクをフロッピーディスク装置に装着し、ディスクをモータで回転させて、磁気ヘッドでデータを読み書きします。

**フロッピーディスク（Floppy Disk：FD）**

ポリエステル樹脂などの軟質プラスティック円板の両面に磁性体を塗布した磁気ディスクを、四角のジャケットに封入して保護したもの。

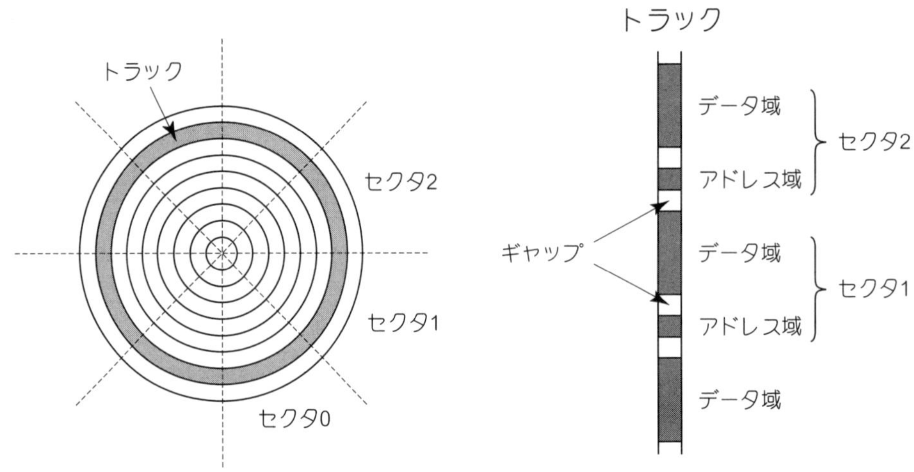


図 3.6　フロッピーディスク

フロッピーディスクは、データを記録するための同心円状に何重にも並んだトラックで区分し、さらに各トラックはセクタという扇型の領域に区分して、それぞれに番号がついていて、このセクタが読み書きの最小単位になっています。データはトラック上の各セクタごとに記憶されます。中心のトラックに向かうほど1セクタの円弧は短くなりますが、記憶容量はすべてのセクタで同じになっています。

記録容量：3.5インチ 2HD（High Density Double Track：高密度で両面記録可）1.44MB
3.5インチ 2ED（Extra High Density：超高密度で両面記録可）2.88MB

## ＜磁気ディスク装置（Magnetic Disk Unit）＞

高速回転の磁気ディスクを、アクセスアームと磁気ヘッドを組み合わせてデータを記録し、また記録してあるデータを読み取る装置です。一般に汎用コンピュータで使用するものを**磁気ディスク装置**といい、パーソナルコンピュータで使用するものを**ハードディスク**（HD：Hard Disk）といいます。ハードディスクには内蔵HD、外付けHDがあります。

**＊磁気ディスク（Magnetic Disk）**

磁性体を両面に塗った硬質の素材（アルミニウム合金やガラス素材）を用いたディスクで、磁気ヘッドによりディスク表面を磁化してデータの読み書きを行います。ディスク面と磁気ヘッドとの間は20nm～30nmの微小間隔で、ディスクの回転による風圧を受けて浮いているため接触せず、ディスク面やヘッドは磨耗しません。

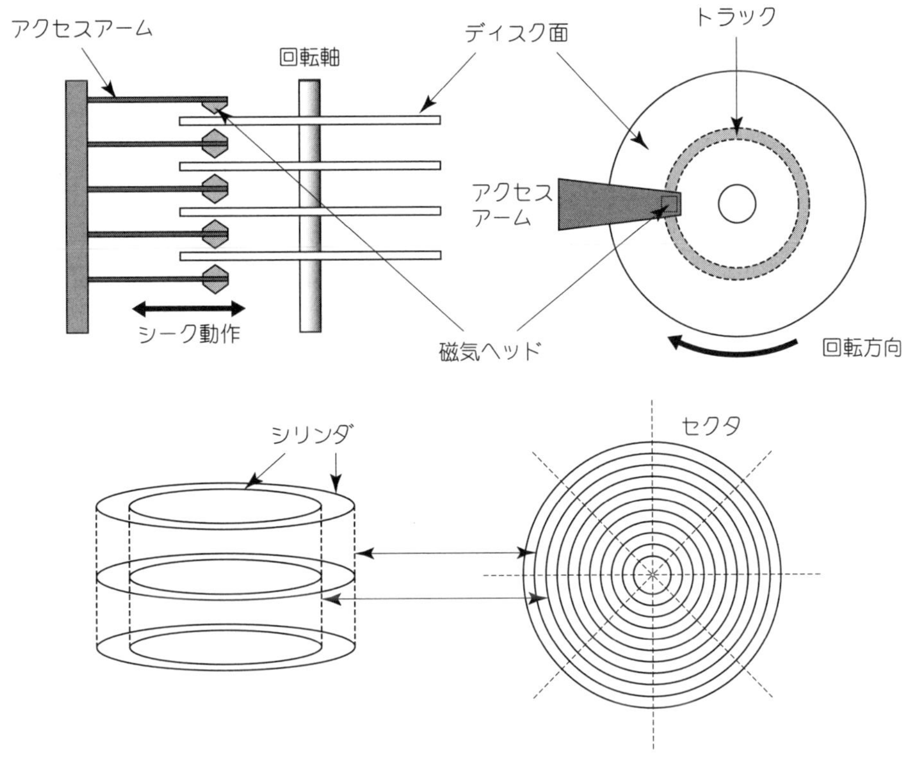


図3.7　磁気ディスク

ディスクは同心円状の 100 から 200 本のトラックで区分し、さらに放射状のセクタに区分してそれぞれのセクタにアドレスを付けます。ディスクは常に高速で回転（5,000～10,000 回転／分）します。データはトラック上のセクタごとに記憶されます。

ディスクは回転軸に複数個取り付けられていて、アクセスアームを固定して読み書きできるトラックの集まり（空間上にトラックを配置すると筒状になる）を**シリンダ**と呼びます。

### <FD や磁気ディスクのアクセス時間の求め方>

データの読み書きに要する時間をアクセス（Access）時間といい、FD および磁気ディスク装置ともに任意の 1 セクタにアクセスする際の平均アクセス時間は次式で計算します。

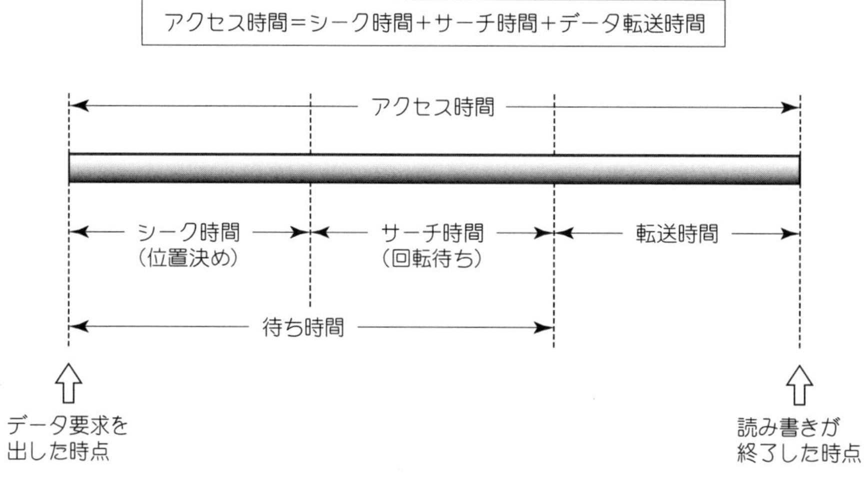


図 3.8　アクセス時間

**シーク（位置決め）時間**：アクセスアームが動いて磁気ヘッドが目的とするトラック上へ移動するまでの時間

**サーチ（回転待ち）時間**：磁気ヘッドの真下に、目的のセクタ（データが書かれている）が到達するのを待つ時間。目的のセクタが磁気ヘッドの直前にある場合のサーチ時間は最短で、目的のセクタが磁気ヘッドの直後にある場合のサーチ時間は最長でディスクが 1 回転する時間になります。したがって平均回転待ち時間は 1／2 回転に要する時間です。

**データ転送時間**：目的のデータが、磁気ヘッドの真下を通過することで、1 セクタあたりのデータの読み出し（または書き込み）を行う時間。

### (1)フロッピーディスクの記憶容量とアクセス時間の求め方

表 3.5 のような仕様のフロッピーディスクの記憶容量とアクセス時間を求めます。

表 3.5　フロッピーディスクの仕様

| | |
|---|---|
| 使用面数 | 2 面 |
| トラック数 | 80 |
| 制御及び予備トラック数 | 4 |
| データ用トラック数／面 | 76 トラック |
| セクタ数／トラック | 8 セクタ |
| 最大記憶容量／セクタ | 1,024 バイト |
| 回転速度 | 300 回転／分 |
| 平均位置決め時間 | 95 ミリ秒 |

**①FD1 枚の記憶容量は次のように求めます。**

（記憶容量）＝（1 セクタ当りのバイト数）×（1 トラック当りのセクタ数）×
（1 面当りのトラック数）×（面数）

記憶容量： 1,024×8×76×2 ＝ 1,245,184（バイト）≒ 1.2 メガバイト

**②平均サーチ（回転待ち）時間**

ディスクの回転速度が 300 回転／分だから、300 回転するのに 60 秒かかります。したがってディスクが 1 回転するのに要する時間は、60／300 ＝ 0.2（s）＝ 200（ms）

平均サーチ（回転待ち）時間は、1／2 回転に要する時間で　200÷2 ＝ 100（ms）

**③データ転送時間**

データ転送時間は 1 セクタ当たりのデータを転送するのに要する時間です。

ディスクが 1 回転する間に、1 トラック分（1 トラックは 8 セクタに分割されているため 8 セクタ分）のデータが読み書きできます。

ディスクが 1 回転する時間は 200（ms）だから、1 セクタ当たりのデータを転送するのに要する時間は、200（ms）／8 ＝ 25（ms）です。

**④平均アクセス時間**

平均アクセス時間 ＝ シーク時間 ＋ サーチ時間 ＋ 転送時間
＝ 95 ＋ 100 ＋ 25 ＝ 220（ms）

### (2)磁気ディスクのアクセス時間の求め方

表 3.6 のような仕様の磁気ディスクについて、1 ブロック（5,000 バイト）のデータを読み込むためのアクセス時間を求めます。

表 3.6　磁気ディスクの仕様

| | |
|---|---|
| 磁気ディスクの回転数 | 2,500 回転／分 |
| 記憶容量／トラック | 20,000 バイト |
| 平均シーク時間 | 25 ミリ秒 |

**①平均回転待ち時間**

磁気ディスクは1分間に2,500回転するので、

1回転に要する時間 ＝ 60／2,500 ＝ 0.024（秒）＝ 24（ms）

平均サーチ（回転待ち）時間は1／2回転に要する時間だから12（ms）

**②データ転送速度**

ディスクが1回転する間（24ms）に、1トラック分のデータ20,000バイトを転送できるから、

データ転送速度 ＝ 20,000÷24 ＝ 833.3（バイト／ms）

**③データ転送時間**

問題では1ブロック5,000バイトのデータを転送するのに要する時間を求めるので、

データ転送時間 ＝ 5,000÷833.3 ＝ 6（ms）

**④平均アクセス時間**

アクセス時間 ＝ シーク時間 ＋ サーチ時間 ＋ 転送時間

＝ 25 ＋ 12 ＋ 6 ＝ 43（ms）

**＜光ディスク装置＞**

**(1)CD-ROM（Compact Disc-Read Only Memory）**

音楽用12cmCD（または8cmCD）と同じ媒体を使用して、コンピュータ用の「0」と「1」のディジタルデータを、ディスク上の**ピット**と呼ぶ窪みと平らな部分で表現し、レーザ光を当てたときの反射率を感知するセンサで読み取るものです。CD-ROMは片面しか使用できず、1枚の記憶容量は650MBで、読み出し専用です。

CD-ROMではデータを記録するトラック（溝）は1本のらせんで、中心から外周へとトラック上のピットと平らな部分でデータを記録します。

**(2)CD-R（CD-Recordable）／CD-RW（CD-ReWritable）**

CD-Rはデータの書き込み可能なCDで、書き込んだデータの消去はできませんが、書き込み時のフォーマットにより、複数回の追記が可能です。書き込みには専用のハード／ソフトが必要ですが、読み出しには通常のCD-ROM装置が使用できます。試作版ソフトウエアの配布やPhoto CD、データのバックアップや保管などに使用されます。

CD-RWは何度でも繰り返して書き込みと消去が可能なディスクです。

**(3)光磁気ディスク（Magnetic Optical Disk）**

光磁気ディスク（**MO**）は3.5インチのフロッピーディスクよりやや厚めのディスクで、128MB／230MB／640MB／1.3GBの記憶容量のものがあります。

データの書き込みにはレーザ光と磁気ヘッドの両方を使用し、データ**消去、書き込み、検査**の手順が必要となります。データ書き込み時には、まず1つのセクタのトラックについて、磁気ヘッドで「0」の方向（磁化の一方向）へ磁界をかけて、レーザ光で200℃位まで加熱すると、熱せられたセクタの範囲は「0」になります（消去される）。次に同じセクタの範囲で、

「1」の方向（磁化の「0」とは逆方向）に磁界をかけて、「1」にしたい部分だけにレーザ光をあてます（書き込む）。最後に正しく書き込まれているかどうかチェックします（検査）。データの読み出しは、レーザ光をあてた場所の反射光の性質（偏光）が、データの記録状態によって変化するので、これを調べることによって記録されたデータを識別するため高速なのです。

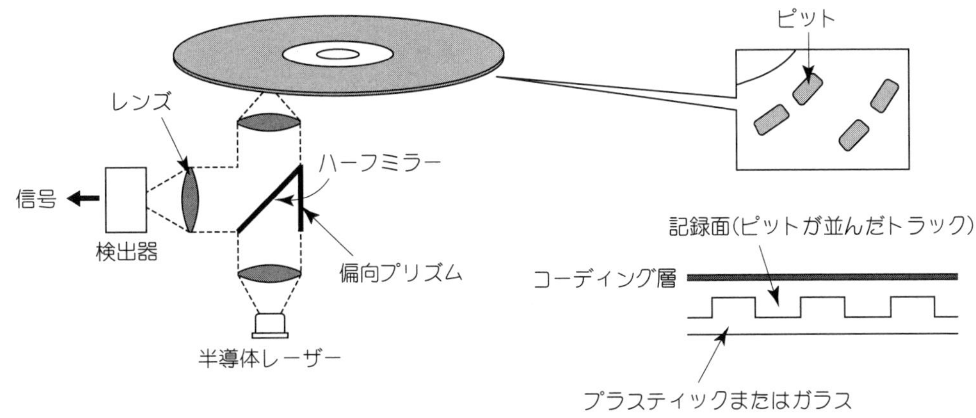


図 3.9　光ディスク装置

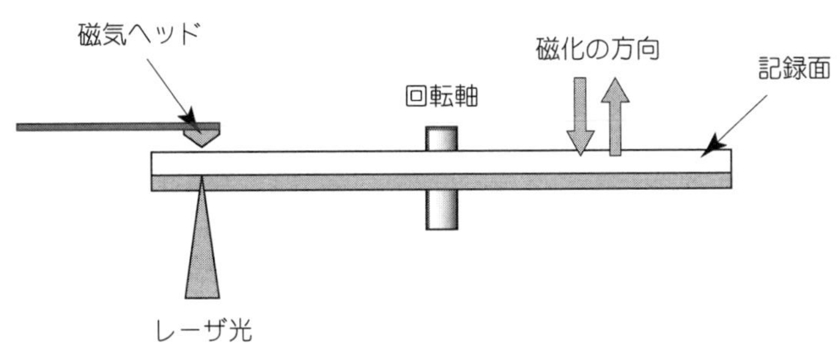


図 3.10　光磁気ディスク

(4)DVD-ROM、DVD-R、DVD-RAM

**DVD**（Digital Versatile Disk）は、MPEG-2 と呼ばれる動画圧縮方式を採用し、高画質の動画を 2 時間程度記録するための光ディスクです。データの記録用にも用いられます。

- **DVD-ROM**：CD-ROM と同じ直径 12cm のディスクですが、厚さ 0.6mm のディスクを 2 枚貼り合わせた構造になっています。記録は片面あたり最大 2 層で、両面に記録可能です。片面 1 層で 4.7GB、片面 2 層で 8.5GB、両面 2 層では 17GB の記憶容量があります。
  DVD-ROM ドライブで CD-ROM／CD-R ディスクを読み込み可能なため、CD-ROM ドライブの置き換え用として普及しています。
- **DVD-R**：追記型の DVD です。
- **DVD-RAM**：書き換え可能な DVD です。

### (5)ブルーレイ(Blu-ray Disc)

DVD と同様に映像記録に用いられる光ディスクで、青紫色レーザを用いて大容量の記録が可能です。

- BD-ROM：読み出し専用です。
- BD-R：1 層（25GB）または 2 層（50GB）の追記型です。
- BD-RE：書換型で、理論上 1 万回以上の書き換えが可能です。
- BD-R BDXL、BD-RE BDXL：BD-R、BD-RE の 3 層（100GB）および 4 層（128GB）の規格です。

### ＜SSD(Solid State Drive)＞

半導体素子メモリを使ったドライブで、ハードディスクの代わりに用いられます。読み書きの速度が非常に早く作動音がないという特徴があります。また衝撃に強く、発熱、消費電力が少ないというメリットがありますが、突然故障してデータの読み出しができなくなることがあり、データの救出が困難というデメリットがあります。ハードディスクに比べて高価なのもデメリットの 1 つです。

# 3.3 中央処理装置（CPU）

## 3. 3. 1 コンピュータの動作原理

ここでは、コンピュータがどのように動作しているかを解説します。

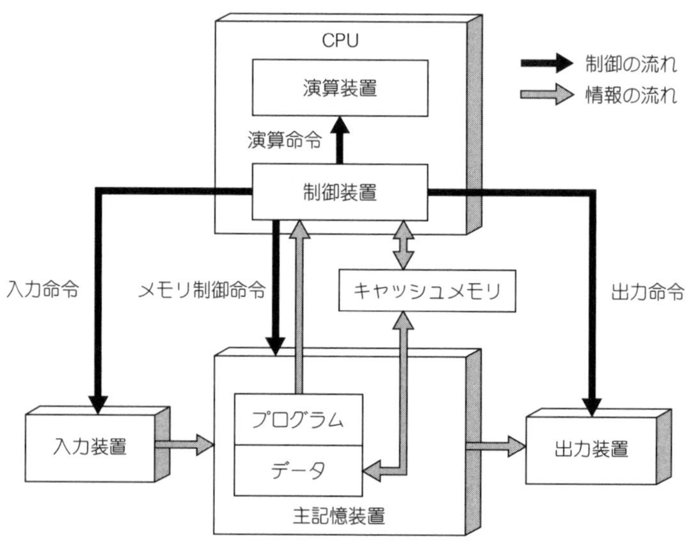


図 3.11 コンピュータの 5 大機能(2)

コンピュータの5大機能（入力、記憶、制御、演算、出力）の中で、制御と演算を行うのが中央処理装置（CPU）です。CPU はコンピュータの中枢ともいえる部分で、この CPU の性能がコンピュータ全体の性能を決めることになります。

主記憶装置の記憶領域には、入力装置を通じて、コンピュータ全体を制御するオペレーティングシステム、画面の表示データなどの多くのプログラム、いくつかの実行プログラム、データ（数値や文字、図形、静止画、動画、音声など）といったものが読み込まれますが、当面使用しない情報は補助記憶装置に格納されます。

**＜動作の主な流れ＞**

例えば、今「コンピュータに 500 と 50 の足し算を行わせる」動作を考えます。このときには、これに必要な足し算を行う**プログラム**と 500 と 50 の**データ**が主記憶装置の記憶領域に格納（記憶）されます。このときプログラムは機械語すなわち2進数のコードで表現された**命令**として記憶され、データは0と1の組み合わせによる**ビットデータ**に変換されて主記憶装置に記憶されます。

CPU 内の制御装置は、主記憶装置に格納されているプログラムを読み出して、その命令（今の場合は、足し算を行わせるための1つ1つの命令）に従って、主記憶装置に格納されているデータ（今の場合には、500 と 50 のデータ）を読み出して、CPU 内の演算装置に足し算を行うような命令を出します。

演算装置は制御装置の命令に従って、中にある演算回路を使って演算（今の場合は、足し算）を実行して、実行結果（今の場合は、500 と 50 を足した 550 の値）を主記憶装置に格納します。また必要な場合には制御装置の命令に従って、プログラム、データや演算結果を出力装置に出力します。

キャッシュメモリ（緩衝記憶装置：バッファメモリ）は、主記憶装置と CPU とのデータのやりとりを高速に行うための記憶装置です（3.3.3 項で述べます）。

## 3.3.2 CPU と主記憶装置の動作

**＜コンピュータの基本的動作＞**

コンピュータは基本的に次の（1）～（5）の動作を繰り返して命令の実行を行います。

（1）プログラムカウンタに記載された主記憶装置の番地を調べる。
（2）この番地に記憶されている命令を主記憶装置から読み出し、命令レジスタに格納する。
（3）プログラムカウンタの値が、次に取り出す命令のアドレスに変わる。
（4）演算回路などにより、解釈された命令を実行する。
（5）命令デコーダにより、命令レジスタに格納した命令を解釈する。

この（1）～（3）を**命令読み出し段階**、（4）～（5）を**命令実行段階**と呼びます。以下では、先に述べた足し算を行うプログラムを例にとって、2 つの段階を繰り返し行う動作について詳しく述べます。

●プログラムカウンタ（Program Counter）: 1つの命令が実行されたあと、次に実行されるべき命令のアドレス（番地）を記憶しておくレジスタです。したがって、プログラムカウンタは1つの命令が実行されるたびに自動的にアドレスに「1」が加えられ、次に取り出すべきアドレスを保持します。

［レジスタ］: 処理中の命令、データ、アドレスなどを一時的に記憶しておく場所です。

［アドレス］: 主記憶装置の記憶場所には、アドレス（番地）がついていて、このアドレスを指定して、命令やデータなどの情報が記憶されます。

●命令レジスタ（Instruction Register）: 記憶装置から取り出された命令を受けとって、その命令を実行するために一時的に記憶しておくレジスタです。

●命令デコーダ（Decoder）: デコーダは復号器または解読器とも呼ばれ、命令レジスタに取り出された命令部の命令語を解読して、個々の命令に対応する制御信号を出力します。

**＜1回目のサイクル＞**

**【命令の読み出し段階】**　（図 3.12 参照）

① プログラムカウンタの取り出したい命令のアドレス（今の場合、1000）を、主記憶装置のアドレス選択回路に送る。

② アドレス選択回路で該当するアドレスの記憶領域にある命令（LD GR, 1200）を見つける。

③ 見つけた命令を読み書き回路を通じて、制御装置の命令レジスタに取り出す（命令部:LD、アドレス部 : 1200）。

④ 取り出した命令の命令コードは、命令デコーダに送られる。

⑤ 命令の取り出しが終わると、プログラムカウンタの内容は、取り出した命令の長さ（語長）が自動的に加算され、次に取り出す命令のアドレス（1001）に変わる。

**【命令の実行段階】**（図 3.13 参照）

①命令デコーダが、命令レジスタに取り出された命令部の内容を解読し（LD GR, 1200 は「主記憶装置の1200 番地にあるデータ 500 を演算装置の汎用レジスタ GR にコピー（格納）せよ」である）、この内容に応じた命令の実行に必要な信号を送り出す。

②命令レジスタのアドレス部の、実行に必要な有効アドレス（今の場合、1200 番地）を求めて、アドレス選択回路に送る。

③有効アドレスにあるデータ（今の場合、500）は、読み書き回路を通じて、演算回路の汎用レジスタに格納（記憶）される。

●アドレス選択回路：プログラムカウンタから受け取ったアドレスにより、プログラムの命令あるいはデータを見つける働きをする。

●読み書き回路：記憶領域の指定されたアドレス（番地）にあるデータを読み出したり、指定されたアドレスの記憶領域にデータを書き込む働きをする。

●汎用レジスタ（General Register）：プログラムの実行に必要なデータや計算中に発生する中間結果のデータを一時的に保存する装置である。

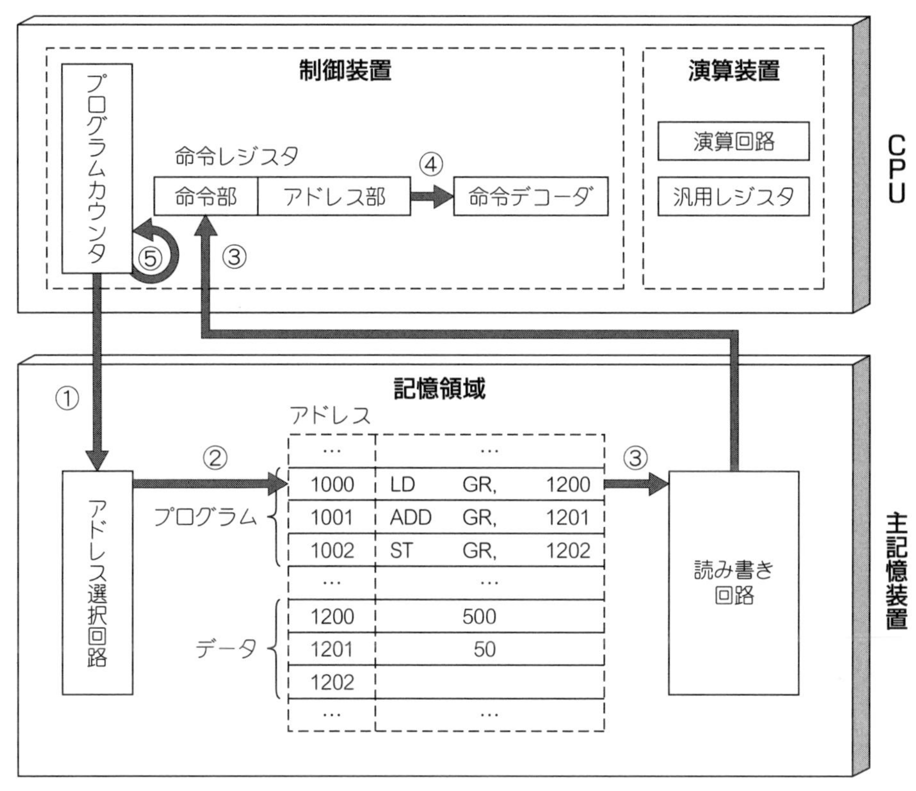


図 3.12　命令の読み出し段階

<2回目のサイクル>

**【命令の読み出し段階】**（図 3.12 参照）

①プログラムカウンタの取り出したい命令のアドレス（1001）を、主記憶装置のアドレス選択回路に送る。

②アドレス選択回路で該当するアドレスの記憶領域にある命令（ADD GR, 1201）を見つける。

③見つけた命令を読み書き回路を通じて、制御装置の命令レジスタに取り出す（命令部：ADD、アドレス部：1201）。

④取り出した命令の命令コードは、命令デコーダに送られる。

⑤命令の取り出しが終わると、プログラムカウンタの内容は、取り出した命令の長さ（語長）が自動的に加算され、次に取り出す命令のアドレス（1002）に変わる。

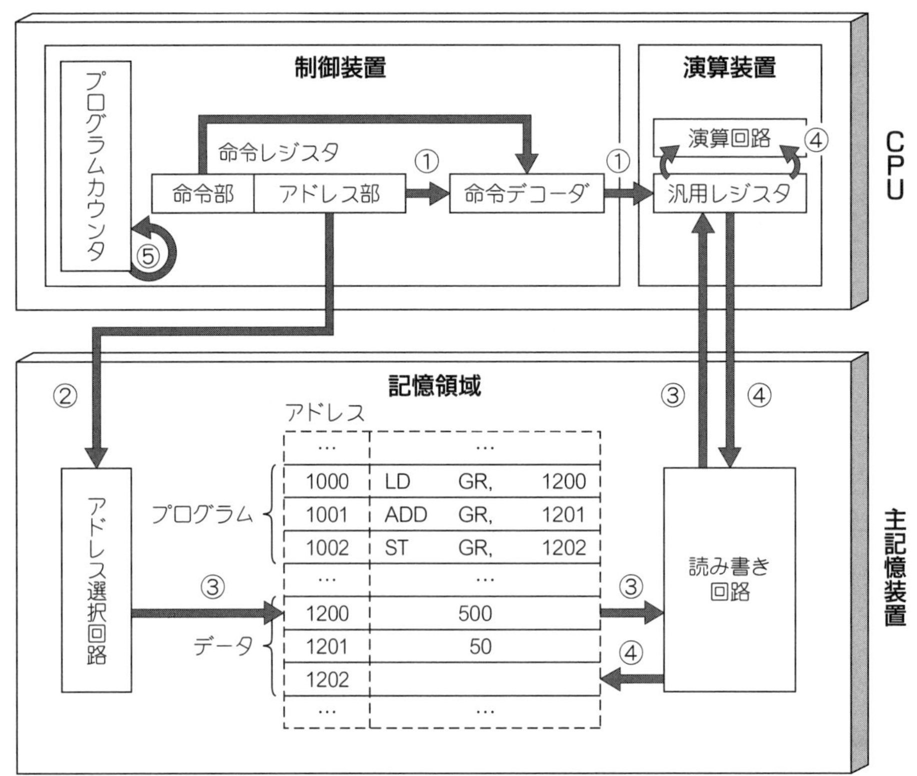


図 3.13　命令の実行段階

**【命令の実行段階】**（図 3.13 参照）

①命令デコーダが、命令レジスタに取り出された命令部の内容を解読し（ADD GR, 1201 は「汎用レジスタ GR の内容（データ 500）に、主記憶装置の 1201 番地にあるデータ（50）を加えて、その加算結果（550）を GR に保存せよ」である）、この内容に応じた命令の実行に必要な信号を送り出す。

②命令レジスタのアドレス部の、実行に必要な有効アドレス（1201 番地）を求めて、アドレス選択回路に送る。

③有効アドレスにあるデータ（50）は、読み書き回路を通じて、演算回路の汎用レジスタに送られる。

④命令が演算命令であれば、演算装置内の演算回路によって演算が実行されて（この場合、500 と 50 の足し算が演算回路で行われる）、その演算結果（550）が汎用レジスタ GR に保存される。

**＜3回目のサイクル＞**

**【命令の読み出し段階】**（図 3.12 参照）

①プログラムカウンタの取り出したい命令のアドレス（1002）を、主記憶装置のアドレス選択回路に送る。

②アドレス選択回路で該当するアドレスの記憶領域にある命令（ST GR, 1202）を見つける。

③見つけた命令を読み書き回路を通じて、制御装置の命令レジスタに取り出す（命令部：ST、アドレス部：1202）。

④取り出した命令の命令コードは、命令デコーダに送られる。

⑤命令の取り出しが終わると、プログラムカウンタの内容は、取り出した命令の長さ（語長）が自動的に加算され、次に取り出す命令のアドレス（・・・）に変わる。

**【命令の実行段階】**（図 3.13 参照）

①命令デコーダが、命令レジスタに取り出された命令部の内容を解読し（ST GR, 1202 は「汎用レジスタ GR の内容（データ 550）を、主記憶装置の 1202 番地にコピー（格納）せよ」である）、この内容に応じた命令の実行に必要な信号を送り出す。

②命令レジスタのアドレス部の、実行に必要な有効アドレス（1202 番地）を求めて、アドレス選択回路に送る。

③汎用レジスタ GR に保存されている 550 が取り出されて、読み書き回路を通じて、主記憶装置の 1202 番地の記憶領域に格納される。

以上の 3 サイクルで、先に例をあげた 2 つの数値の加算プログラム部分は終わることになります。

なお、プログラムの中で使用した「LD　GR, 2000」、「ADD　GR, 2004」、「ST　GR, 2008」は、LD、ADD、ST などの表意記号を用いたアセンブリ言語を使用しています。また、命令には「算術・論理演算」、「比較演算」、「シフト演算」、「分岐」などについての命令があります。

**＜演算装置＞**

また演算装置は、正確には算術論理演算装置（Arithmetic and Logic Unit：ALU）といい、いろいろな形式をもつデータに対して、四則演算（加算、減算、乗算、除算）、論理演算（ビット単位の値の演算）、比較演算（大小および等価の比較判断）などを行います。

## 3. 3. 3 主記憶装置と CPU の動作速度の差を埋めるには

**キャッシュメモリ**（バッファ記憶装置）は、主記憶装置と CPU の制御装置との間にあって、主記憶装置の遅い動作速度と制御装置の速い動作速度の差を埋め、CPU の見かけ上の読み書きを速くする記憶装置です。キャッシュメモリは主記憶装置より高速に動作するため、使用頻度の高いプログラムとデータがキャッシュメモリにあれば、CPU はあたかも高速度の主記憶装置を使っているかのように速い処理を行うことができます。

キャッシュメモリの読み取り時間が 50ns、主記憶装置の読み取り時間が 400ns であるとします。そして CPU がアクセスしようとするプログラムやデータがキャッシュメモリ上にない確率 NFP（Not Found Probability）を 0.2 とするときの CPU の平均アクセス時間を求めます。また、CPU がアクセスしようとするプログラムやデータがキャッシュメモリ上にある確率を**ヒット率**（＝1－NFP）といいます。

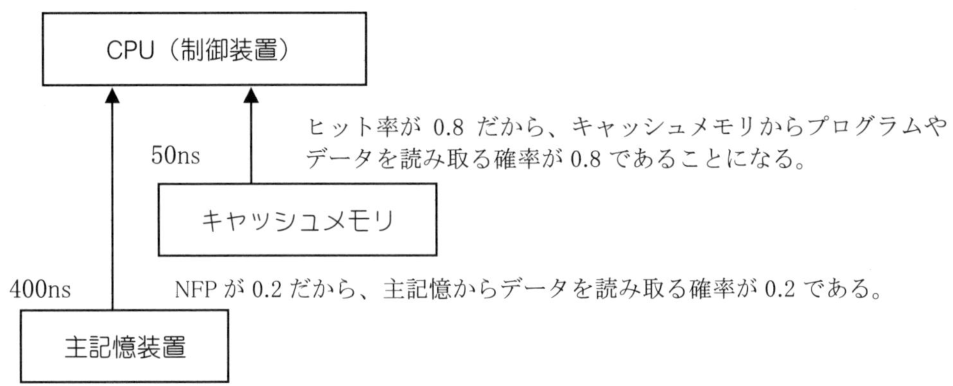


図 3.14　メモリの読み取り

CPU は平均して 10 回のうち 8 回はキャッシュメモリからプログラムやデータを読み取り、10 回のうち 2 回は主記憶装置からプログラムやデータを読み取るので、1 回の平均読み取り時間は

$$\frac{50\times 8 + 400\times 2}{10} = \frac{400 + 800}{10} = 120(\mathrm{ns})$$

上式は、50 × 0.8 ＋ 400 × 0.2 = 120(ns)と同じであるため、次式で表されます。

Tc ヒット率　Tm　NFP

$$Ta = Tc\times(1-NFP) + Tm\times NFP$$

ここで、　Ta：平均アクセス時間　　Tc：キャッシュメモリのアクセス時間
　　　　　Tm：主記憶装置のアクセス時間

●**ディスクキャッシュメモリ**：主記憶装置と磁気ディスク装置などの間に置いて、アクセス時間の差を調整する（緩衝する）ための緩衝記憶装置を特にディスクキャッシュメモリといいます。

### 3．3．4 CPUのアーキテクチャ

＜CPUの性能＞

CPUは内部の振動回路（クロック）により発生する一定周期のパルスで処理の同期をとって動作します。このパルスの周期をクロック周波数（動作周波数）と呼びます。クロック周波数はCPUの性能を示すときに使われており、例えば2.0GHzと2.3GHzのクロック周波数を持つ同じ種類のCPUでは2.3GHzの方が性能が高いことが分かります。またCPUの中核部で命令を実行する回路をコアと呼びますが、最近のCPUでは複数のコアを持つマルチコアと呼ばれるものがあります。命令のかたまりをスレッドと呼びますが、コアが多いとたくさんのスレッドを並行して処理できます。そのため、コア数やスレッド数もCPUの性能を表すのに使われます。

＜CPUの種類＞

CPUには大きく分けて、2つの種類があります。CISC（Complex Instruction Set Computer）とRISC（Reduced Instruction Set Computer）で、これらは命令セットの種類の違いによるものです。CISCは高機能な命令を実行できるアーキテクチャで、1回の命令で複雑な処理を行うことができ、短いプログラムで多くの処理を実行できます。マイクロプログラムと呼ばれる小さな命令によって処理を実行するので、命令フォーマットと命令サイズに決まりがなく、1命令を実行するのに複数のクロックサイクルを用います。一方、RISCは単純な命令だけを実行するアーキテクチャを取っており、1つの命令実行を高速化することで処理速度を向上します。物理的な結線によって構成された回路で命令を実行するワイアードロジック方式を取ります。命令サイズは固定長で、1クロックサイクルで1命令を実行します。

**coffee break**

異なるCPUの性能を比較するにはどうしたらよいでしょうか。CPUの仕様（スペック）を見ただけではわかりませんが、同じプログラムを動作させてみるとその速さの判定ができます。性能を比較するために作られたプログラムをベンチマークと呼び、測定された性能をベンチマーク性能と呼びます。ベンチマークという言葉は、もともと測量における水準点を表す用語ですが、指標としてさまざまな業界でも使われています。

# 第3章　演習問題

1．以下の入力装置に関する記述として正しいものはどれか。

ア　OMR はカードやマークシート上に、鉛筆やペンなどで印をつけた情報を光学的に読み取る装置である。

イ　バーコードリーダは、カード上の磁気ストライプを読み取る装置であり、キャッシュカードやクレジットカードなどの読み取りに利用されている。

ウ　OCR シートへ文字を記入するには、必ず専用の作成機器を用いて行う。

エ　マークシートやマークカードでは、その表面が汚れていると、誤って情報を入力してしまうことがある。

オ　ディジタイザは図面などを平板の上において、ペンやカーソルで点を指示したり、線をなぞることにより、図形情報をコンピュータに入力する装置である。

カ　MICR は絵や写真、文書などに光を当て、CCD で光の強さを測定してディジタル信号に変換し、ディジタル画像データとして入力する装置である。

2．以下の出力装置に関する記述として正しいものはどれか。

ア　感熱式プリンタでは、普通紙に印字することも可能である。

イ　ラインプリンタは 1 行分の文字をまとめて印字する方式のプリンタである。

ウ　液晶ディスプレイは、電子ビームを磁界や電極で偏向させて、蛍光物質が塗布してある表示面にぶつけて光らせることを利用する表示装置である。

エ　プロッタは、複雑な図形や大きな画面でも表示装置と同様に短時間で入力することができる。

オ　画像データは非常に大きなデータとなるために、圧縮や伸張技術が採用されていて、そのための静止画に対する JPEG や動画に対する MPEG 規格が設けられている。

カ　インクジェット式プリンタでは、カラー印刷はできない。

3．以下の入出力インタフェースに関する記述として正しいものはどれか。

ア　RS-232C は、8 ビットのデータを並列に転送するインタフェースで、プリンタを接続するために多く用いられる。

イ　セントロニクスは、プリンタやプロッタ用のインタフェースで、直列（シリアル）にデータを転送する。

ウ　GP-IB はマイクロコンピュータとその周辺機器を接続するインタフェースで、並列にデータを転送する。

エ　USB は、用途に合わせた複数の転送モードをもち、キーボード、マウス、スピーカ、モデム、プリンタなどを同一のケーブルとコネクタで接続できる。

4．主記憶装置の遅い動作速度と制御装置の速い動作速度の差を埋め、CPU の見かけ上の読み書きを速くする記憶装置は、次のうちどれか。

ア　インターリーブ　　イ　ディスクキャッシュ　　ウ　ミラーリング

エ　キャッシュメモリ　　オ　パイプライン

5．DRAM の説明として、適切なものは次のうちどれか。

ア　出荷時にデータが書き込まれる。マイクロプログラム格納用メモリとして使用される。

イ　コンデンサに電荷が貯まった状態か否かによって、1 ビットの情報を表す。メインメモリとしてよく使用される。

ウ　フリップフロップで構成され、高速であるが製造コストが高く、キャッシュメモリなどに用いられる。

エ　スマートメディア、携帯電話のメモリとして使用される。

6．下記の補助記憶装置に関する記述のうち、正しいものはどれか。

ア　光磁気ディスクでは、一度書き込んだデータを書き換えることはできない。

イ　CD-ROM は、大容量のデータの記憶ができ、何度も書き換えが可能である。

ウ　CD-RW は、大容量のデータの記憶ができ、何度でも繰り返して書き込みと消去が可能なディスクである。

エ　磁気ディスクは、磁性体を両面に塗った硬質の素材を用いたディスクで、磁気ヘッドによりディスク表面を磁化してデータの読み書きを行う。

7．コンピュータの基本動作について述べよ。

8．制御装置のプログラム実行時における下記の記述のうち、正しいものはどれか。

ア　制御装置は、命令を補助記憶装置から順番に呼び出す。

イ　制御装置の命令デコーダは命令レジスタに取り出された命令部の内容を解読して、内容に応じた命令の実行に必要な信号を取り出す。

ウ　命令アドレスレジスタの内容は、実行する命令の所在を示すアドレス（番地）である。

エ　有効アドレスにあるデータは、読み書き回路を通じて演算回路の汎用レジスタに記憶される。

9．CISC と RISC の違いについて述べよ。

# 第4章 ソフトウエアの基礎

ソフトウエアは、狭義には「不特定多数の人が頻繁に使用するプログラム」を指し、広義には「データ処理システムを機能させるためのプログラム、手順、規則、関連文書（ドキュメント）などを含む知的な創作」（JIS X 0001）を指します。

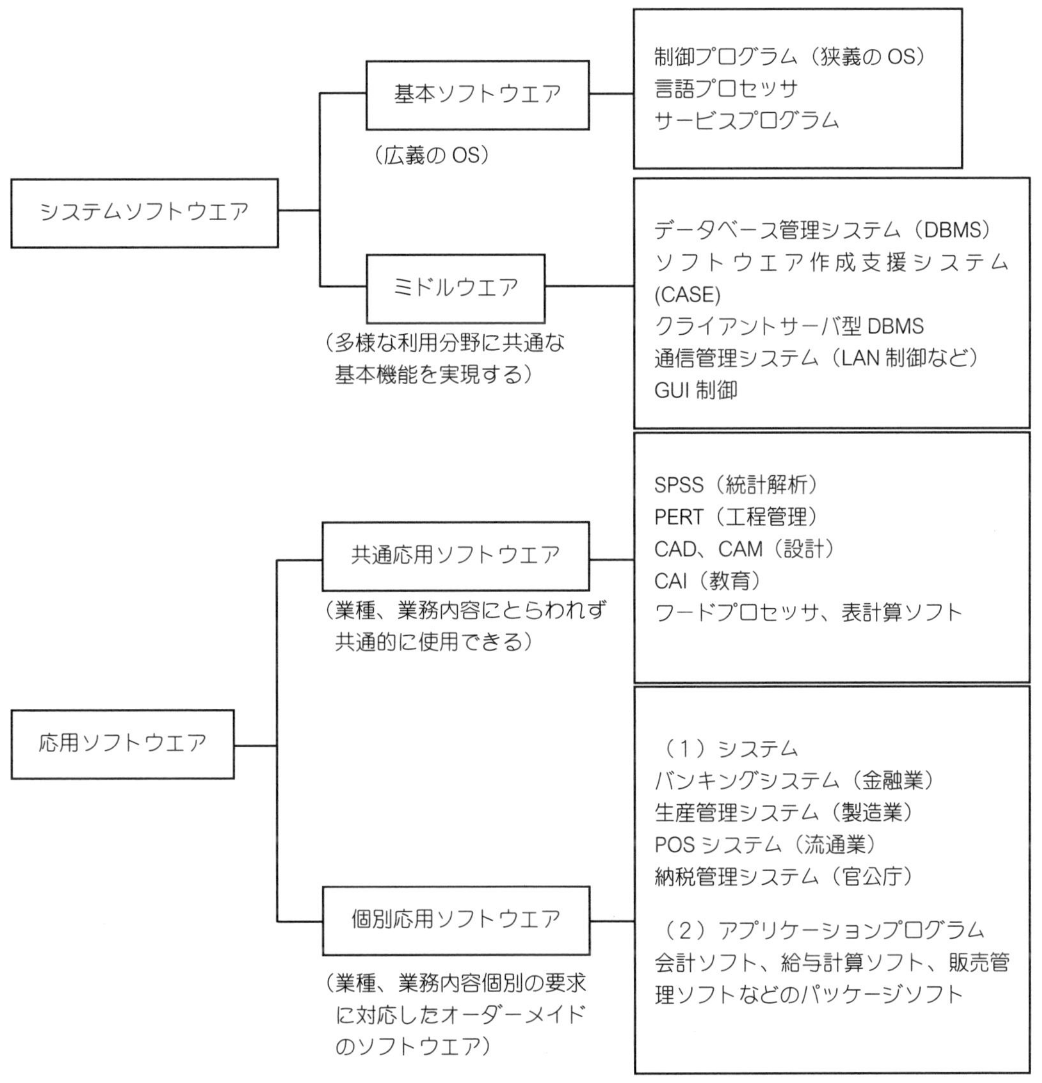


図 4.1 ソフトウエアの種類

# 4.1 ソフトウエアの種類

ソフトウエアは、**システムソフトウエア**と**応用ソフトウエア**に大別できます。さらに、システムソフトウエアは**基本ソフトウエア**と**ミドルウエア**に分けられ、応用ソフトウエアは**共通応用ソフトウエア**と**個別応用ソフトウエア**に分けられます。

## 4.1.1 システムソフトウエア

システムソフトウエアは、利用者がハードウエアを容易に活用できるようにする機能と、ハードウエアのもつ機能を効率よく働かせるようにする機能とを、併せもつソフトウエアです。

**<基本ソフトウエア>**

基本ソフトウエアは、コンピュータシステム資源（ハードウエア資源、情報資源、人的資源）を有効に利用し、ユーザに使いやすい環境を提供する一連のソフトウエア群で、広義の**オペレーティングシステム**（Operating System：略して OS）とも呼ばれます。基本ソフトウエアについては、4.2 節でオペレーティングシステムとして詳しく述べます。

前頁の図に示したように、基本ソフトウエアには言語プロセッサとサービスプログラムが含まれますが、これらについては 4.2.4 項と 4.2.5 項で述べます。

**<ミドルウエア>**

ミドルウエアは、基本ソフトウエアと応用ソフトウエアとの中間に位置し、「多様な利用分野に共通する基本的機能を実現するソフトウエア」であり、次のようなものがあげられます。

**(1)データベース管理システム**

すべての応用ソフトウエアが共通に使用できるデータの集合がデータベース（データベースについては後の章で詳述）ですが、これらのデータ構造に変更が生じても、個々の応用ソフトウエアを修正する必要がないように、データの独立を図るように管理するソフトウエアがデータベース管理システム（Data Base Management System：DBMS）です。

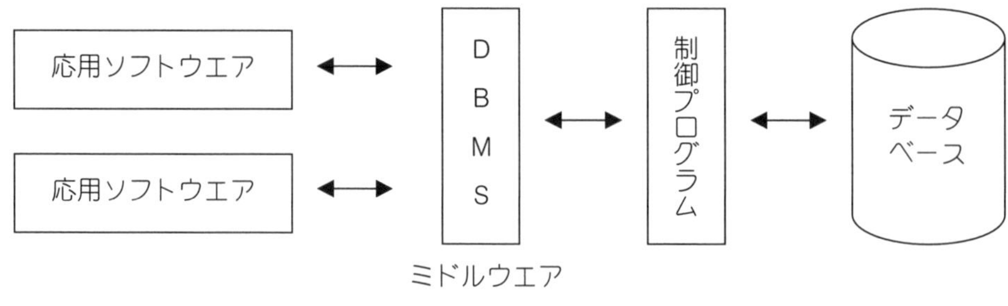


図 4.2　データベース管理システム

**(2)ソフトウエア作成支援システム**

代表的なものに、CASE ツール（Computer Aided Software Tool：コンピュータの支援を受けてできるだけ自動的にソフトウエアを開発しようとするソフトウエア）があります。

**(3)通信管理システム**

応用ソフトウエアとネットワークの間にあって、同一のネットワーク内に存在するコンピュータやいくつかのプロトコル（通信規約）を管理するソフトウエアです。

**(4)クライアントサーバ型 DBMS のミドルウエア**

クライアント（サービスを受ける側のコンピュータ）に組み込まれた応用ソフトウエアがデータベースにアクセスするとき、クライアントサーバ型 DBMS のミドルウエアは、応用ソフトウエア（クライアント）と DBMS（サーバ（サービスを提供する側のコンピュータ））を連結させる働きをします。

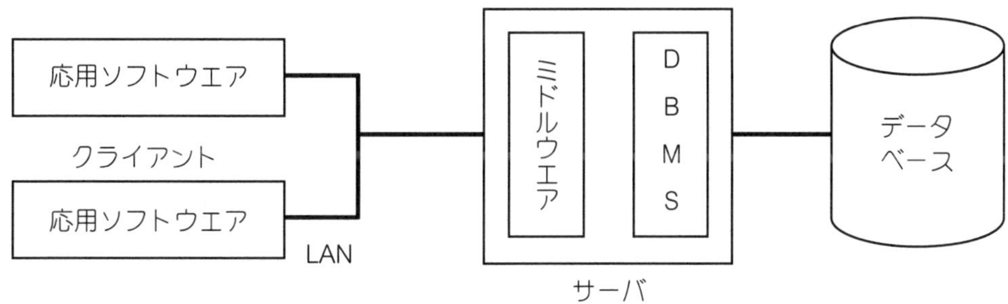


図 4.3 クライアントサーバ型のデータベース管理システム

**(5)GUI 制御**

ユーザがコンピュータを操作するとき、画面に表示しているメニューやアイコンをマウスなどで選択することで処理を容易にするソフトウエアです。

## 4．1．2 応用ソフトウエア

応用ソフトウエア（アプリケーション）は、システムソフトウエアの制御の下で、業務処理を行うソフトウエアであり、共通応用ソフトウエアと個別応用ソフトウエアに分けられます。

**＜共通応用ソフトウエア＞**

業種、業務内容にとらわれず共通に使用できるソフトウエアで次のようなものがあります。

**①ワードプロセッサ**（Word Processor）

文書の作成、編集、印刷ができる機能を備えたソフトです。最近では多くの字体（フォント）

が扱えて、他のアプリケーションからのデータを取り込んで、イラストやグラフなどを含んだ複合文書も作成できるようになってきています。

レイアウト（割付）作業を重視し、新聞や簡単な広告、書籍などを作成するための高品質の印刷機能を持つ DTP（Desk Top Publishing）ソフトとは区別されます。

**②表計算ソフト**（Spread Sheet）

一定の規則に従った計算や集計、数値を変更した場合の再計算、過去のデータから推定できる近い将来の予測などの機能を、表形式のシート上で実現するソフトです。

伝票の作成や集計、一定期間内の売上の集計と分析、予算と実績の管理、会計処理などの実務にも利用できます。

**③データベースソフト**

大量データに対するさまざまな角度からの検索や加工、データ更新、検索結果のレポート作成、印刷などを高速に行える機能をもつソフトです。

パソコン用としては、簡単に使用できるカード型と本格的なリレーショナルデータベース（RDB）型があります。

データベースの種類としては、顧客情報、法律、薬情報、乗り物料金、料理などがあります。

**④グラフィックソフト**

パソコン画面上で絵を描いたり、図面を作成するためのソフトで、次の種類があります。

- ・ペイント系ソフト：鉛筆や絵の具で絵を描くイメージで作成できる。
- ・ドロー系ソフト：直線や曲線を組み合わせて図面などを作成する。
- ・CG（Computer Graphics）ソフト：3 次元の画像をリアルに表現できる。

**⑤プレゼンテーションソフト**

商品の企画や説明などのプレゼンテーションに利用されるソフトで、簡単にビジュアルな資料やスライドを作成でき、またパソコン画面で直接プレゼンテーションを行うことができます。

**⑥通信ソフト**

コンピュータが他のコンピュータや端末とネットワークを介して通信するための機能を提供するソフトウエアです。

アクセスポイントへの自動接続や切断、特定のプロトコル（コンピュータネットワークで通信を正確に行うためのデータ形式や伝送順序などの約束ごと）での通信を行うなどの機能をもちます。

●**アクセスポイント**：利用者が公衆網や専用線を利用してパソコン通信やインターネットにアクセス〔到達する〕する際の中継地点や中継設備、あるいは利用者の端末とホストコンピュータの間を中継するコンピュータのこと。

**⑦WWW ブラウザ**（World Wide Web Browser）

Web ブラウザとも呼ばれます。ネットワーク上の Web サーバで提供される情報提供者の画面を表示したり、プログラムを実行したりするソフトウエアです。Chrome、Firefox、Safari、Edge、Internet Explorer、Opera などがあります。

**⑧グループウエア**（Groupware）

企業などで複数の利用者がコンピュータネットワークを通じてデータを共有するためのソフトウエアで、主な機能は電子メール、電子掲示板、会議のスケジュール管理、住所録、DTP、電子会議システムなどです。

最近では、Web ブラウザを用いてサービスとして利用できるシステムもあります。

**⑨統計解析用の SPSS**（Statistical Package for Social Science）

**⑩工程管理用の PERT**（Performance Evaluation and Review Technique）

**⑪設計用の CAD**（Computer Aided Design）や CAM（Computer Aided Manufacture）

**⑫教育用の CAI**（Computer Aided Instruction）

**⑬音楽演奏・編曲用ソフトウエア**

**⑭ゲーム**

**＜個別応用ソフトウエア＞**

業種、業務内容個別の要求に対応したオーダーメイドのソフトウエアで、次のような代表的なものがあります。

①金融機関の預金システム：預金、払い戻し、期間に応じた利息支払いなどを自動的に行います。

②生産管理システム（製造業）

③POS システム：コンビニエンスストアで使用する POS システムは現金レジスタと直結していて、「いつ、どこで、どの商品を誰が購入したか」の情報を収集することが可能になっています。

④納税管理システム（官公庁）

⑤座席予約システム：みどりの窓口の MARS など

⑥アプリケーションパッケージ：会計ソフト、給与計算ソフト、販売管理ソフトなどのパッケージソフトウエア

## 4.2 オペレーティングシステム（基本ソフトウエア）

**オペレーティングシステム**（Operating System：略して **OS**）は、広義にはコンピュータシステム資源（ハードウエア資源、情報資源、人的資源）を有効に活用し、生産性を向上させ、ユーザに使いやすい環境を提供する一連のソフトウエア群です。狭義には、プログラムの実行を制御するソフトウエアで、資源の割り振り、スケジューリング、入出力制御、データ管理など

のサービスを提供する制御プログラムのことです。

### 4．2．1　オペレーティングシステムの目的

オペレーティングシステムでは、次のようなことを目的としています。

**(1)ハードウエア資源の有効活用**

ハードウエア資源（中央処理装置、記憶装置、入出力装置など）を、利用者が有効に活用するために次の2つの方法が考えられています。

**①マルチプログラミング（マルチタスク、マルチプロセス）**

あるプログラムが入出力処理を実行している間に、他のプログラムに中央処理装置を割り当てるなどにより、1つの処理装置で複数のプログラムを同時に実行させる。

**②ジョブの連続処理**

**ジョブ**はユーザから見たまとまった仕事の単位で、この処理を中断しないようにする。

**(2)処理能力の向上**

データ処理能力を高めるには、単位時間当たりに処理できる仕事量（スループット）を向上させることが必要ですが、それには、**ターンアラウンドタイム**（データを入力して何らかの処理を行い、結果が完全に出力されるまでの時間）**の短縮**と、**レスポンスタイム**（コンピュータに指示入力してから、その指示に対して返答し始めるまでの時間）**の短縮**により行います。

**(3)信頼性と安全性の確保**

ハードウエアの障害を発見・回復し、正確で安全に運用できて、保守が容易であるようにするために、次の5つの指標が考えられています。これらの指標の頭文字をとって、**RASISの向上を図る**こととともいわれます。

**①信頼性**（Reliability）

システムが故障せずに、継続処理ができること

**②可用性**（Availability）

システムを利用したいときに使用できること

**③保守性**（Serviceability）

システムが故障したときすぐに修理を行い処理できること

**④保全性**（Integrity）

コンピュータが壊れたときに回復可能であること

**⑤機密性**（Security）

データの機密を保護すること

### 4.2.2 オペレーティングシステムの構成

広義の OS は、制御プログラム、言語プロセッサ、サービスプログラムの 3 つのプログラムから構成され、狭義の OS は制御プログラムのことです。

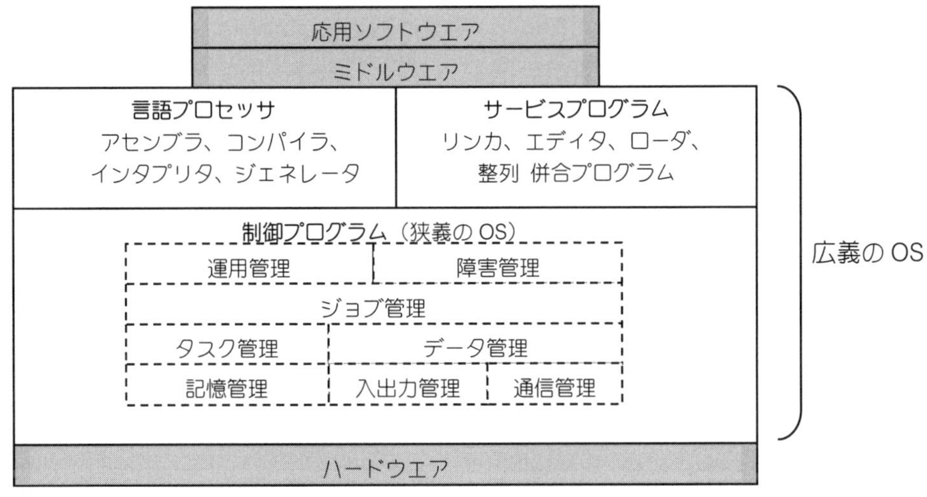


図 4.4 オペレーティングシステム

### 4.2.3 制御プログラム

応用プログラムなどコンピュータ上で動作するソフトウエアが、効率よく稼働できる環境を作り出す役割のプログラム群で、**実行中のプログラムやハードウエア資源の活用状況を管理・制御するプログラム**です。主記憶装置に常駐し中核の役割を持つカーネル、入出力装置とのやり取りを司るデバイスドライバ、外部記憶装置に記憶させるファイルを統一的に管理するファイルシステムが主要なプログラムで、受け持つ機能によって以下のプログラムに分かれます。

**(1)ジョブ管理**

コンピュータに投入されたジョブ（ユーザから見た、まとまった仕事の単位）を、自動的かつ連続的に実行して、効率よくシステム資源を利用できるようにする機能。

**(2)タスク管理**

CPU を使用して実行される単位をタスクといい、このタスクの生成、実行、消滅などの制御を行うことで、システム資源の効率的な利用を可能にする機能。

**(3)データ管理**

プログラムからデータを使用するのに、入出力手順を個々のプログラム中で記述せずに、データを取り扱うことができるようにする機能。

**(4)記憶管理**

プログラムに対して物理的な記憶資源、記憶空間の割り当てや制御を行う機能。

**(5)運用管理**

運用管理が提供する機能には次の2つがあります。

①ロギング：システム運用中のさまざまな情報を、ファイルに書き出す。

②ユーザ管理：利用者ごとにシステム使用権やアクセス権、端末利用権などの利用範囲を定め、アクセス制御機能を提供する。

**(6)障害管理**

発生した異常をできるだけ早く検知する機能、発生した障害からシステムを回復する機能、障害発生時の被害を最小限にとどめる機能からなっています。

**(7)入出力管理**

ファイルやデータの入出力に関する制御を行う機能です。

**(8)通信管理**

複数のコンピュータ間で通信を行う機能です。

## 4.2.4 言語プロセッサ

人間が理解できるプログラミング言語を、コンピュータが理解できる機械語に翻訳するプログラムを**言語プロセッサ**または**言語処理プログラム**といいます。言語プロセッサには、アセンブラ、コンパイラ、インタプリタ、ジェネレータ、プリプロセッサがあります。

**①アセンブラ**（Assembler）

アセンブリ言語（命令を記号[表意コード]で書き表す言語）で書かれたソースプログラム（原始プログラム）を**機械語コード**（**オブジェクトプログラム**）に変換（翻訳）することを**アセンブル**といい、この変換（翻訳）する言語処理プログラムを**アセンブラ**といいます。

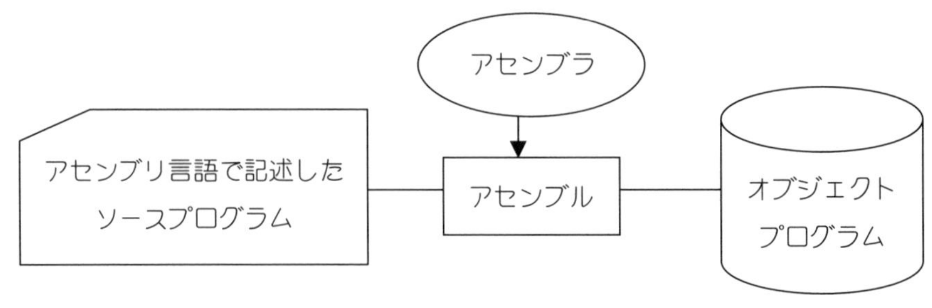


図4.5　アセンブラの動作

**②コンパイラ**（Compiler）

手続き型（向き）言語で記述した原始プログラム（ソースプログラム）を、機械語コード（オブジェクトプログラム）に変換することを**コンパイル**（翻訳ともいう）といい、機械語コードに変換するプログラムを**コンパイラ**といいます。

コンパイラはプログラムを言語的に解釈します。その過程で、字句解析（字句に分割）、構文解析（字句を解析して構文木を生成）、意味解析（構文木を解析して中間コードを生成）を行い、生成された中間コードを最適化して最終的にオブジェクトプログラムを生成します。

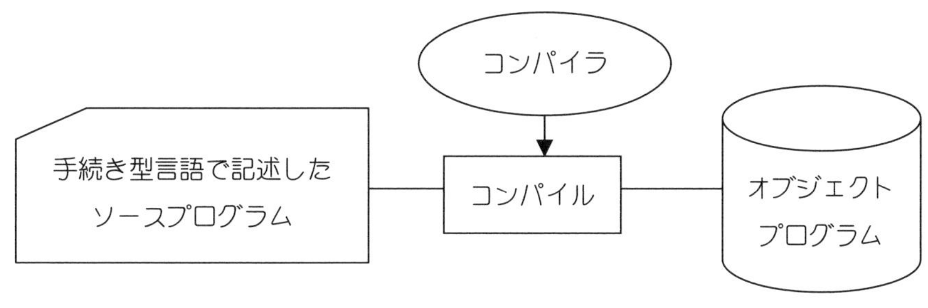


図 4.6　コンパイラの動作

**③インタプリタ**（Interpreter）

**インタプリタ**は高水準言語で記述したソースプログラムを解釈し実行する言語処理プログラムで、プログラムの命令を 1 つずつ機械語に翻訳しながら実行します。

特徴としては、（ア）完成している部分だけを解釈実行できる、（イ）プログラム開発を効率的に行える、（ウ）小さなプログラム開発に向いている、（エ）プログラムの修正には柔軟性がある、（オ）コンパイラに比較して処理時間が遅い、などがあげられます。

**④ジェネレータ**（Generator）または生成プログラム

非手続き型言語で書かれた原始プログラムに適用されるプログラムで、あらかじめプログラムの骨組みができていて、利用者が入力データや処理結果の内容と形式、および処理条件などを一定の書式の各欄に記入して入力すると、自動的に処理に必要なプログラムを作成するプログラムです。代表的なものに RPG（Report Program Generator：データファイルの作成、保守、検索、報告書の作成を中心とするプログラムの生成に使う表記入方式の簡易ファイル言語）があります。

**⑤プリプロセッサ**（Preprocessor）

原始プログラムに特定の命令文などを挿入する必要があるプログラムの場合に、コンパイルする前にこれらの命令文をコンパイル処理できるように、前もって変換処理するプログラムをプリプロセッサといいます。

## 4．2．5 サービスプログラム（ユーティリティプログラム）

**サービスプログラム**はコンピュータ利用を支援するソフトウエアで、**ユーティリティプログラム**とも呼ばれます。

サービスプログラムには、リンカ、エディタ、整列・併合プログラム、ローダ、デバッガなどのソフトウエアがあります。

**①リンカ**

アセンブラやコンパイラが原始プログラムを翻訳して作成するいくつかの目的プログラムを結合して、実行形式プログラムを作ることを連係編集といい、連係編集を行うプログラムを**リンカ**（Linker）といいます。

**②エディタ**

プログラムの入力、編集、修正、ディスクへの格納を手伝うソフトウエアを**エディタ**（Editor）といいます。

**③整列・併合プログラム**

ファイルのレコード（相互に関連するデータ項目の集まり）をレコードのキー項目の値が昇順または降順になるように並べ替える処理を**整列**（Sort）あるいは分類といいます。また分類済みの 2 つ以上のファイルにあるレコードを 1 つにまとめて出力する処理を**併合**（Marge）といいます。

ファイル中のレコードを整列し、2 つ以上のファイルを 1 つのファイルに併合する機能をもつプログラムを**整列・併合プログラム**（Sort / Merge Program）といいます。

**④ローダ**

補助記憶装置に格納されているプログラムを主記憶装置に書き込むプログラムをローダ（Loader）といいます。

**⑤デバッガまたはデバッグツール**

ユーザが作成したプログラム中のエラー（バグ：虫）を見つけて、除去（デバッグ）するための支援プログラムを**デバッガ**（Debugger）または**デバッグツール**（Debugging tool）といいます。

**＜OS の種類と特徴＞**

OS はパソコンから大型コンピュータまで利用されています。OS は汎用コンピュータ、ワークステーション、パソコンなどそれぞれのコンピュータの使用目的に合わせて、その機能や規模、OS の設計思想も違っています。

### (1) 汎用コンピュータ（メインフレーム）の OS

汎用コンピュータの OS は、次のような特徴をもっています。

**①マルチユーザ**

複数の利用者が同時に複数のプログラムを実行できる形態

**②スプーリング**（Spooling）

プリンタなどの周辺装置に対する入出力を、いったん磁気ディスク装置のような高速の補助記憶装置に書き込み、その後でCPU処理と並行して処理する機能

**③マルチプログラミング**

複数のプログラムを同時に実行状態に置くこと。プログラムが入出力処理を実行している間のCPU空き時間を利用して、別のプログラムを実行することで計算資源の利用効率を向上

**④TSS**（Time Shearing System）

複数の端末やプログラムに、決められた一定時間ずつ順にCPUを割り当てることで、多数の利用者が1つのコンピュータを利用できるようにする方式

汎用コンピュータのOSは、通常コンピュータを製造しているメーカ（メインフレーマ）が独自に開発しています。代表的なものにIBM社のMVS（多重仮想記憶方式）、VM（仮想計算機方式）があります。

**(2)ワークステーションのOS**

ワークステーションの標準OSはUNIXです。

UNIXはマルチユーザ／マルチタスクのOSで、ソフトウエア開発用の機能を標準で備え、構造が比較的シンプルで、使いやすい（ただし、利用者として技術者を想定している）ことが特徴です。

**(3)パーソナルコンピュータのOS**

パーソナルコンピュータのOSに要求される基本的な機能は、次の通りです。

①入出力デバイス（キーボード、ディスプレイ、ディスク装置などのコンピュータシステムから見た入出力装置）の制御

②利用者や応用プログラムに対するハードウエア機能を利用できる環境の提供

③使いやすく覚えやすいユーザインターフェースの提供

④ネットワーク機能の提供

# 4.3 プログラム

コンピュータに何か意味のある動作をさせるには、その動作の手順をコンピュータに教えなければなりません。ところが私たちが平常使う言葉（自然言語）で、コンピュータに動作の手順を指示しようとしても、コンピュータはこの自然言語を理解してくれません。そこで、コン

ピュータに理解できる単純な言語を人工的に作り、その言語で動作手順を表現してコンピュータに伝えるようにします。この人工的な言語のことを**プログラム言語**または**プログラミング言語**といい、コンピュータに処理させる動作手順をプログラム言語により記述した文を**プログラム**といいます。

初期のプログラム内蔵方式のコンピュータで使用したプログラムは、プログラムといっても、0と1の組み合わせでできた機械語（機械向けの言葉）でした。そのために、機械にとっては処理しやすいけれども、人間にとっては難解で、ごく一部のエンジニアにしかプログラムの開発はできませんでした。しかし、アセンブリ言語が開発されて、機械語の命令を人間にわかりやすい記号に置き換えて記述し、実行時に機械語に変換するようになりました。その後、プログラム言語としては、人間がよりわかりやすい表現で記述できるBASIC、FORTRAN、COBOL、Cなどのプログラム言語が開発されました。これらのプログラム言語は、一般に実行時にはコンパイラやインタプリタなどの**言語処理プログラム**によって機械語に変換し、処理しています。

## 4.3.1 プログラム言語

プログラム言語には以下のような種類があります。

**＜汎用プログラム言語＞**

**(1)低水準言語**（Low Level Language）

汎用プログラム言語を大きく「機械向き言語」と「問題向き言語」に分けたときの機械向き言語が低水準言語です。低水準言語には機械語とアセンブリ言語があります。

**①機械語**（Machine Language）

コンピュータが直接実行可能な（2進数で書かれた）命令コードの集合、または命令コードで書かれたプログラムのことです。実際には、人間が書いたプログラムを変換（翻訳）した結果として出力される命令コード（オブジェクトプログラム）です。

この形式はコンピュータの機種ごとに異なり、相互の互換性がありません。

**②アセンブリ言語**（Assembly Language）

2 進数による機械語命令を書くわずらわしさを解消するために、記号（表意記号）を用いて書き表すプログラム言語です。例えば、加算を ADD で表し、A レジスタ（記憶場所）のデータに、B レジスタのデータを加える処理を「ADD　A，B」で表すなどです。

アセンブリ言語は CPU ごとに定義されるためたくさんのものが存在しますが、命令自体は共通的なものです。情報処理技術者試験では、共通のアセンブリ言語として CASL、CASLⅡ（CASL の命令を拡張したもの）が使われます。

**(2)高水準言語（High Level Language）**

自然言語により近い表現で記述できるプログラム言語を**高水準言語**といいます。高水準言語は**問題向き言語**ともいわれます。

高水準言語は手続き型言語、関数型言語、論理型言語、オブジェクト指向型言語に分類でき、それぞれの型の言語には表 4.1 のような言語があります。

**<エンドユーザ言語>**

エンドユーザ言語は、ソフトウエアの生産性向上を目指したもので、スクリプト言語とも呼ばれます。また、エンドユーザ言語はコンピュータ利用者が容易に扱えるように工夫されています。

次のような機能をもつものがあります。

①表計算処理

②文書処理

③図形処理

④データベース処理

**<特殊問題向き言語>**

特殊問題向き言語は、共通応用向き言語で次のような特定分野で使用されます。

①シミュレーション（GPSS）

②統計処理（SPSS）

③数式処理（FORMAC）

④構造解析（COGO）

表 4.1 高水準言語

| 言語名 | 特 徴 |
|---|---|
| FORTRAN<br>(FORmula<br>TRANslation) | 科学技術計算用、1957 年 IBM が設計・開発した。<br>主プログラムは実行文、非実行文、END 文、副プログラムはサブルーチン文、関数文からなる。<br>整数型、実数型、複素数型、論理型、文字型のデータ型がある。<br>算術式、論理式、関係式が使用できる。 |
| COBOL<br>(COmmon<br>Business<br>Oriented<br>Language) | 事務処理用、1960 年 CODASYL(データシステムズ言語協議会)が開発した。<br>ファイルの構造の定義、効率的なファイルの入出力、整列機能、報告書作成機能、COPY 機能をもつ。<br>プログラムは見出し部、環境部、データ部、手続き部の4つの部からなる。プログラムの文書性が高く、作成・保守が容易である。英語に近い表現で、わかりやすく、記述しやすい言語である。 |
| BASIC<br>(Beginner's<br>All-purpose<br>Symbolic<br>Instruction Code) | 初心者用、1965 年 J. Kemeny と T. Kurtz(アメリカ)が発表した。<br>特徴：● 会話型でプログラムが作成できる<br>● 個々の命令が短い<br>● 文の先頭に文番号をもつ<br>● 互換性、移植性には劣る |
| Pascal | 教育用、1968 年 N. Wirth(スイス、後にアメリカ)が設計・開発した。<br>データ型は配列やレコード、ポインタなどを組み合わせた型が自由に構成できる。<br>構造化プログラミングに適している。フリーフォーマット形式でプログラムの記述ができる。 |
| C | 汎用(OS 作成、科学技術計算、事務処理、通信ソフト、各種パッケージソフトなど)、1973 年 D. Ritchie(アメリカ)が設計・開発した。<br>言語構造自体がシンプルで、プログラム構成が構造化されている。演算子が豊富で、標準関数が多数用意されている。コンパイラがコンパクトなため、マイクロコンピュータからスーパーコンピュータまで各種のコンピュータで動作可能である。 |
| LISP<br>(LISt Processor) | 人工知能用、1960 年頃 J. McCarthy(アメリカ)が考案した。<br>数式などをリストというデータ構造で表現する。関数型言語であり、標準関数とユーザ定義関数を組み合わせて、帰納的・再帰的定義によって記述する。 |
| LOGO | 1967 年に数学者で発達心理学者のシーモア・パパートによって開発された。Lisp を原型として入出力関連の命令をサポートし、作図機能が充実している。構成主義的な学習観に根ざした教育用プログラミング言語として活用されている。 |
| Prolog<br>(PROgramation<br>en LOGique) | 人工知能用、1972 年 A. Colmeraure (フランス)を中心とするグループが開発した。<br>推論機能をもつ論理型言語である。プログラムは事実と推論規則から構成されている。問題を解析し、論理的な推論により解を導くという方法で行っている。 |
| Smalltalk | オブジェクト指向型言語、1980 年代ゼロックスパロアルト研究所(アメリカ)が開発した。オブジェクトやメッセージなどを関連する式として表現する言語である。<br>オブジェクト指向では、同じ種類のデータは「クラス」として定義し、実際の個々のデータとそのデータに関する処理は「オブジェクト」として使用する。 |
| C++ | ユーティリティ(ユーザ処理支援)記述用、1983 年 B. Stroustrup(アメリカ)が開発した。従来の C にオブジェクト指向言語としての機能を加えたもの。 |
| Java | 汎用、1991 年サンマイクロシステムズが開発した。現在はサンマイクロシステムズを吸収したオラクルが提供している。<br>OS に依存しないアプリケーションを作成できる。 |

## 4．3．2 プログラミング

私達がある問題についてのプログラムを考え、プログラムを完成させるまでには一般に次の作業工程を経ます。まずプログラムの手順（**アルゴリズム**）を考えます。そして、このアルゴリズムを可視化した流れ図（**フローチャート**）を書きます。次に流れ図に沿ってプログラムの部分をプログラム言語（ここでは C 言語）で書き表します（**コーディング**）。そしてこのコーディングされたプログラムをC 言語の編集機能を用いて編集し、コンパイル、リンクの過程を経て**実行**を行います。もし、編集から実行までの過程で文法上のエラーや論理上のエラー（途中での異常終了）があれば修正します（**デバッグ**するという）。そして、求める結果が得られれば、完成されたプログラムが出来あがることになります。これらの一連の作業を**プログラミング**といいます。

**＜プログラミングの例＞**

**「10 を変数 x に、30 を変数 y に代入し、x と y の和の値を変数 wa に代入して、wa の値を画面上に表示する。」**（ここで**変数**とは 10 や 30 などのデータを入れておくメモリの箱のようなもの）プログラムを例にとって、以下にプログラミングの手順を示します。

**アルゴリズム**

手順 1：準備として変数 x、y、wa の型の宣言を行う。
手順 2：x に 10、y に 30 を代入する。
手順 3：和を求める式を書く。
手順 4：和を求めた結果を画面に表示する。

プログラムの手順を考える

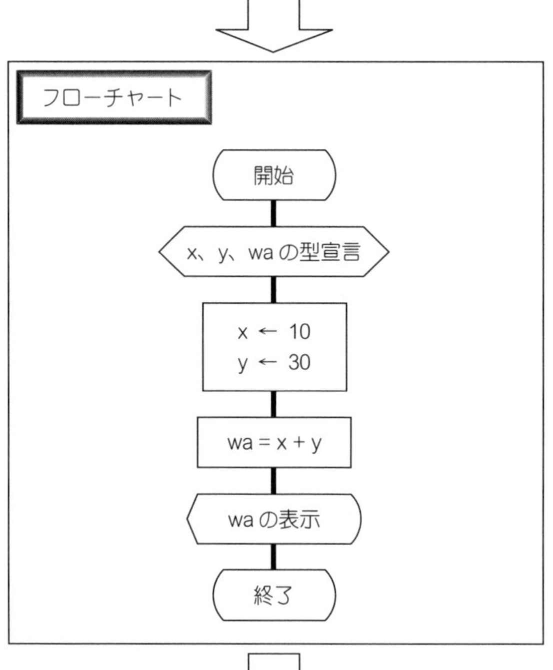


フローチャートを作成する

**コーディング**

```
#include <stdio.h>
main( )
{
        int  x,  y,  wa  ;
        x  =  10 ;
        y  =  30 ;
        wa =   x + y ;
        printf("和= %d", wa) ;
}
```

プログラムの部分を C 言語で書く

ここでプログラムにエラーがあれば修正します（机上デバッグ）

＜編集＞

編集画面（ここではボーランド社の TURBO C++ プログラミングツールを使用）に、C 言語で書かれたプログラム（ソースプログラム）をキーボードから打ち込んでいきます。ここで打ち込んだプログラムにエラーがあれば、修正します。

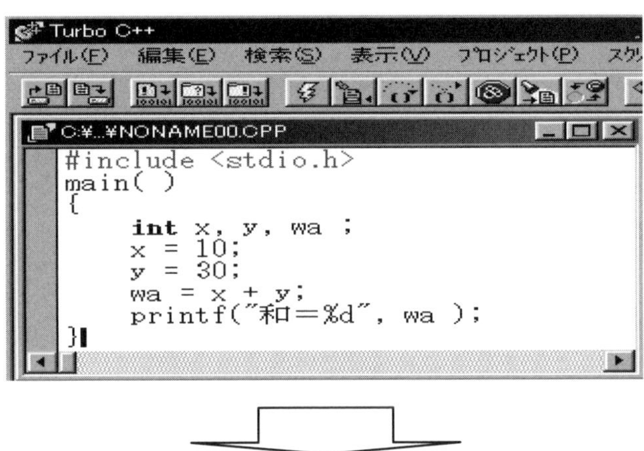


＜コンパイル＞

編集されたプログラムが機械語に翻訳されます。この段階でエラーがあれば修正します。

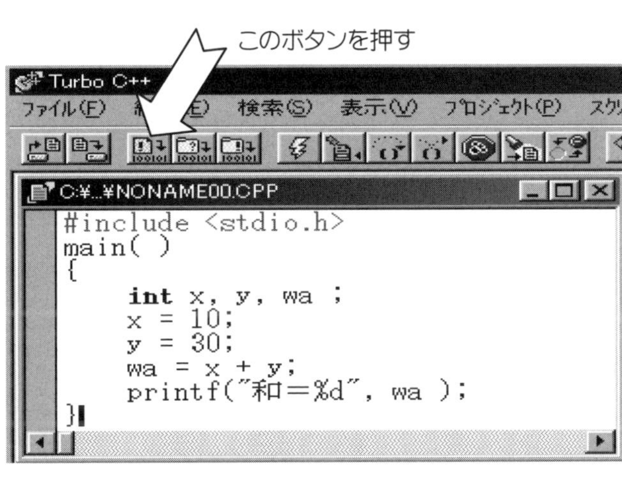

＜リンク＞

コンパイルの結果作られたファイルと他のファイルが結合されます。

＜実行＞

カーソルをプログラムの最後に置き、「カーソルの位置まで実行」を行います。

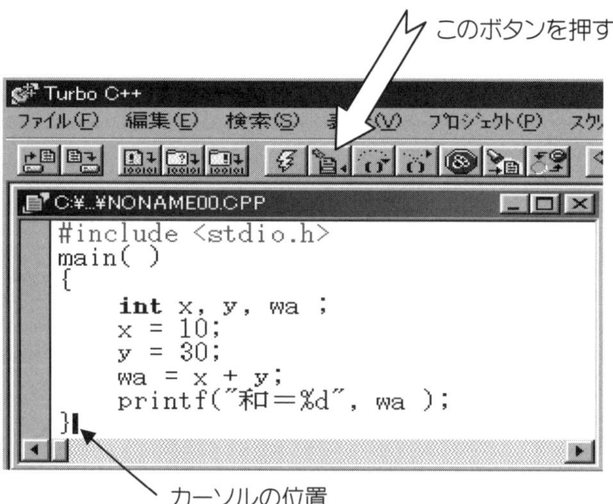

実行結果

［プログラムの編集・コンパイル・リンク・実行の流れ］

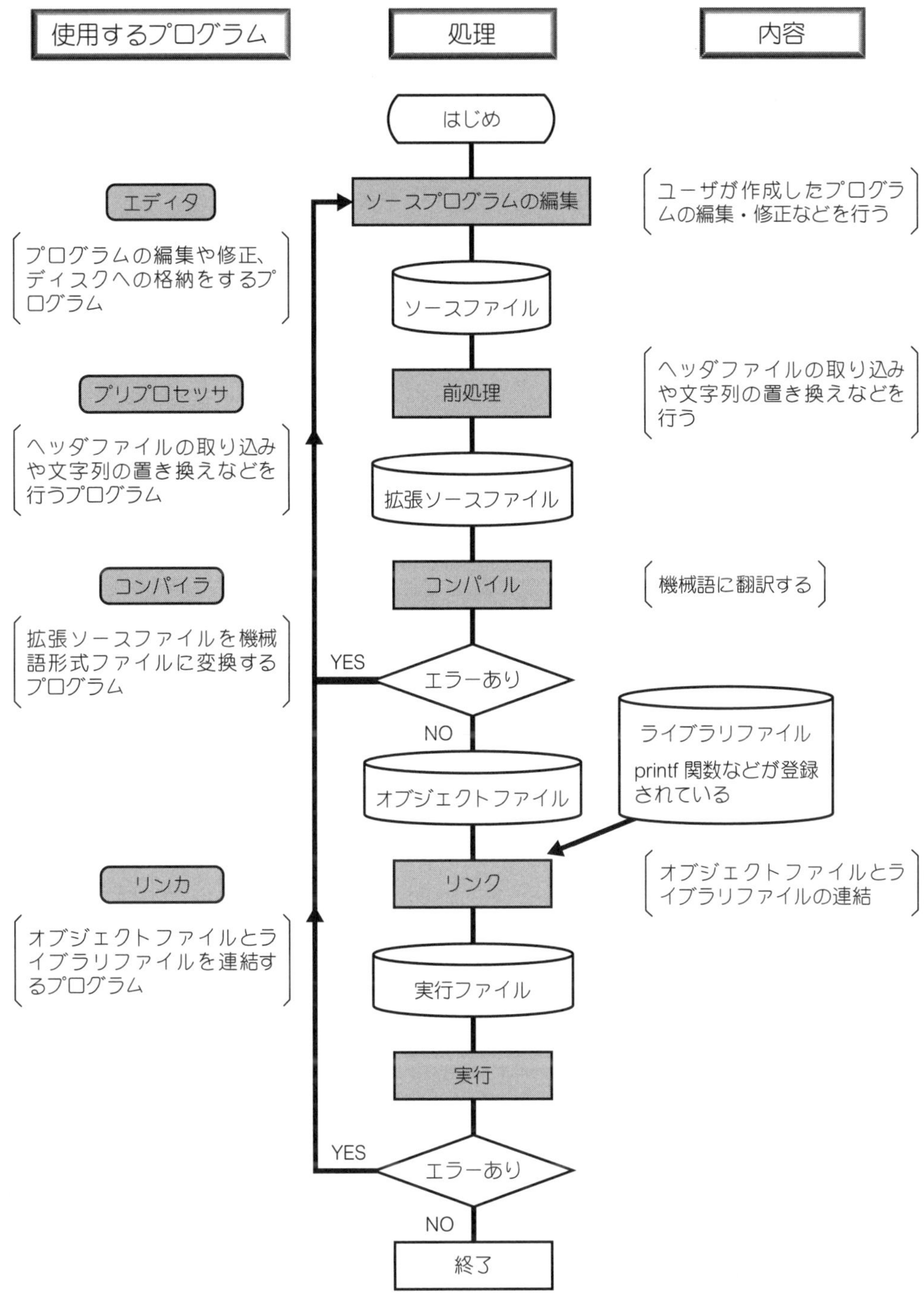
使用するプログラム
処理
内容
はじめ
エディタ
プログラムの編集や修正、ディスクへの格納をするプログラム
ソースプログラムの編集
ユーザが作成したプログラムの編集・修正などを行う
ソースファイル
プリプロセッサ
ヘッダファイルの取り込みや文字列の置き換えなどを行うプログラム
前処理
ヘッダファイルの取り込みや文字列の置き換えなどを行う
拡張ソースファイル
コンパイラ
拡張ソースファイルを機械語形式ファイルに変換するプログラム
コンパイル
機械語に翻訳する
YES
エラーあり
NO
オブジェクトファイル
ライブラリファイル
printf 関数などが登録されている
リンカ
オブジェクトファイルとライブラリファイルを連結するプログラム
リンク
オブジェクトファイルとライブラリファイルの連結
実行ファイル
実行
YES
エラーあり
NO
終了

# 第4章　演習問題

1．次の文章のうち正しいものはどれか。

ア　コンピュータの情報処理は、システムソフトウエアが応用ソフトウエアの下で稼働することを指す。すなわちシステムソフトウエアが対象となる処理を直接行う。

イ　制御プログラムは、実行中のプログラムやハードウエア資源の活用状況を管理・制御するソフトウエアである。狭義のOSは制御プログラムのことである。

ウ　基本ソフトウエアは、応用ソフトウエアの中でもよりハードウエアに近いソフトウエアであり、コンピュータのシステム資源活用に利用される。

エ　サービスプログラムは、コンピュータ利用を支援するソフトウエアで、ユーティリティプログラムとも呼ばれる。

オ　ミドルウエアは個別応用ソフトウエアと共通応用ソフトウエアとの中間に位置するソフトウエアで、利用者に対して、より高いレベルの機能や使いやすさを提供する。

2．オペレーティングシステムに関する記述のうち、正しいものはどれか。

ア　ターンアラウンドタイムは、ユーザがコンピュータに処理の要求を出してから、結果が完全に得られるまでの時間のことである。

イ　オペレーティングシステムは、応用ソフトウエアの管理を目的として作成されたものである。

ウ　マルチプログラミングは、割り込みなどの手法を用いて、1 つの処理装置で複数のプログラムを同時に実行する方式である。

エ　ハードウエア資源の有効活用の方法の1つとして、ターンアラウンドタイム短縮やレスポンスタイム短縮がある。

オ　オペレーティングシステムは、信頼性、使用可能性、保守性を最大の目的としているので、ユーザは保全性や機密性を保つようにしなければならない。

3．プログラム言語に関する記述のうち、正しいものはどれか。

ア　アセンブリ言語は、命令コードの集合、または命令コードで書かれたプログラムのことである。

イ　COBOL は、効率的なファイルの入出力、整列機能、報告書作成機能、COPY などの機能をもつ事務処理用プログラムである。

ウ　Java は、OS に依存しないアプリケーションを作成できるオブジェクト指向プログラム言語である。

エ　BASIC、FORTRAN、Pascal、C などは、特殊問題向き言語である。

4．オペレーティングシステムの目的について述べよ。

5．制御プログラムの機能について述べよ。

6．プログラミング全体の流れについて述べよ。

# 第5章 ファイルとデータベース

補助記憶装置に蓄積される情報は、一般的にファイルという単位で読み書きされます。1 つの文書、1 つのプログラム、ひとまとまりのデータなどにファイル名をつけて蓄積してあり、オペレーティングシステムによって管理されています。特にここでは、データのまとまりとしてのファイルとデータベースについて調べていきます。

## 5.1 ファイル

### 5. 1. 1 ファイルは何から構成されているのでしょうか

ファイルは情報処理を行う場合の対象となる単位のことです。例えば、プログラムが入ったプログラムファイルやデータベース用のデータベースファイル、コンテンツが保管されている音楽ファイル、映像ファイル、画像ファイル、文書ファイルなどがあります。

ここで扱うのはデータファイルで、同じ目的を持つデータの集まりとして構成されます。このファイルは複数のレコードからなり、さらにレコードはいくつかのフィールドから構成されます。

住所録というファイルを例にとると、1 人 1 人の住所録情報がそれぞれのレコードになり、各人についての「番号」、「氏名」、「住所」などの情報がフィールドになります。

**<ファイルはどのように処理されるのでしょうか>**

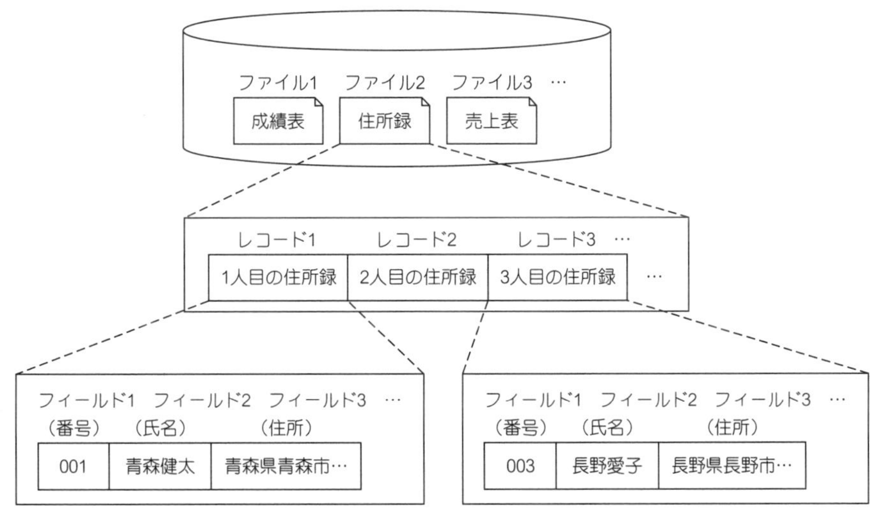


図 5.1 ファイルの処理

プログラムがファイル処理を行うときには、図 5.1 のようにファイルから 1 レコードずつ読み込んで処理します。

住所録の例でみると、「住所録」ファイルの特定の人（例えば 3 人目の人）の住所情報を知るには、その人の情報が登録されているレコード（今の例ではレコード 3）を読み込んで、「住所」フィールドの値（長野県長野市・・・）を参照します。

## 5．1．2　ファイルはどのように分類されるのでしょうか

コンピュータで使用するファイルは、利用面、用途、目的、利用者などにより分類します。

**＜利用面からの分類＞**

具体的な利用面からの分類で、レコードの内容に共通した名前をつけます。

（例）人事ファイル、売上げファイル、成績ファイル、住所録ファイル

**＜用途による分類＞**

ファイルは作成後、レコードの一部を更新する必要性が生じます。例えば、売上げファイルの場合には、1 日ごとにデータを更新します。この更新を行うとき、更新の対象となる原本と更新データを分けて保存するようにします。そして原本はいちいち保存するのではなく、更新データを記載した伝票を暫定的にまとめてファイルにし、その後ある時点でまとめて原本を更新します。

**(1)基本ファイル**

原本を格納したファイルで、マスタファイルとも呼ばれ、レコード内容が頻繁に変更されることのないデータファイルです。

（例）商品マスタファイル、在庫マスタファイル、社員マスタファイル

**(2)変動ファイル**

変動ファイルは、トランザクションファイルとも呼ばれ、業務において逐次発生するデータを格納するファイルです。

（例）伝票ファイル、売上ファイル、商品の入出庫ファイル

**(3)作業ファイル**

作業ファイルはワークファイルともいい、データを処理するときに、一時的な作業場所として使用されます。

**＜目的による分類＞**

**(1)永久ファイル**

長い期間にわたって利用されるファイルのことで、基本ファイルは格納されているデータの内容から、永久ファイルに分類されます。

**(2)一時ファイル**

ある時点での業務上の処理のために一時的に使用されるファイルです。変動ファイルや作業ファイルは、一時ファイルに分類されます。

図 5.2 は、商品売上ファイルを例にとって、基本ファイル、変動ファイル、作業ファイルと永久ファイル、一時ファイルの関係を示したものです。

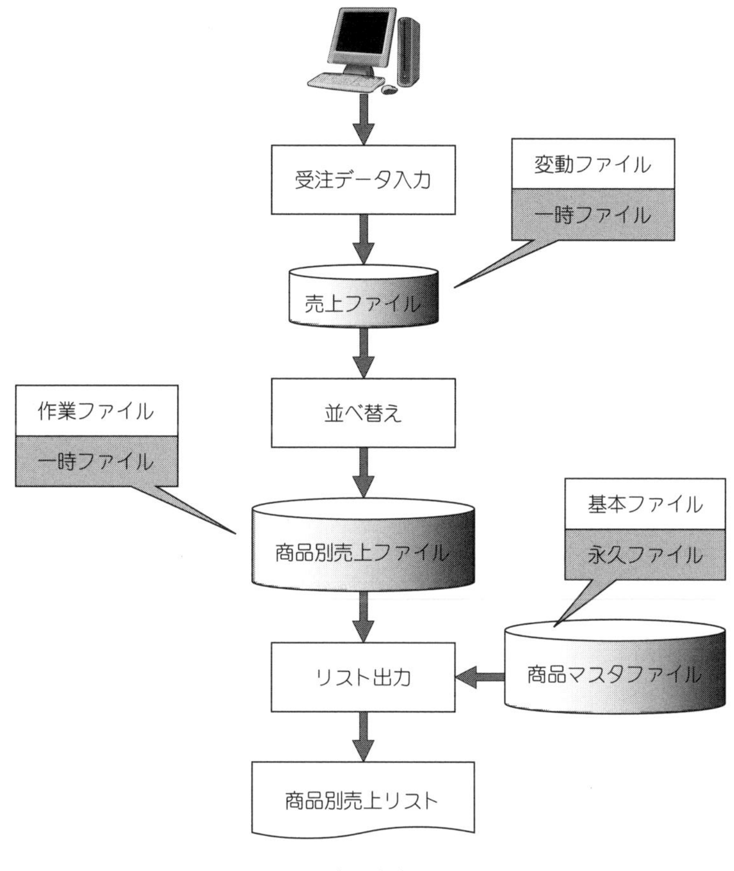


図 5.2　商品売上ファイル

## 5．1．3　ファイルのアクセス方法や記録方法にはどのようなものがあるのでしょうか

主に汎用コンピュータでは、ファイル中のレコードについて、読出し、書込み、削除、挿入、追加などのアクセスを行いますが、その方法には順アクセスと直接アクセスがあります。

**(1)順アクセス**

レコードを物理的に記録されている順にアクセスする方法。

磁気テープは順アクセスだけ可能です。

**(2)直接アクセス**

必要なレコードをランダムに直接アクセスする方法。

磁気ディスク装置、フロッピーディスク装置などでは直接アクセスができます。

また、記録方法によって２つの方法があります。

**(1)テキストファイル**（text file）

文字コードと改行コード（16 進数で０Ａ）などの限られた制御文字からなるデータファイルをいいます。テキストファイルは、プログラムからだけでなく、ワードプロセッサやテキストエディタを用いても作成したり閲覧・修正したりできます。

**(2)バイナリファイル**（binary file）

数値などをコンピュータの内部表現のまま記録しているファイルをいいます。実行プログラムのデータ形式としても用いられる。

## 5．1．4　ファイルの編成法にはどのようなものがあるのでしょうか

汎用コンピュータではファイルの編成法（ファイル内にレコードを記録する順序や読み出す方法）が定義されていて、次の５種類があります。

**(1)順編成**

レコードはファイルの先頭から順に連続して記録されます。処理の都合上キー項目（例、学生番号、商品番号）をつけて、その昇順または降順に整列して記録します。各レコードのデータにアクセスする際には、先頭のレコードから順番にアクセスしていくシーケンシャルアクセスのみ行うことができます。余分な記憶領域をとらないことや全データを読み取るときは最も高速であるという利点があります。磁気テープに作成することができる唯一のファイル形式です。

順編成法で作成されたファイルを**順編成ファイル**(sequential organization file)といい、このファイルに対するアクセス法を**順次アクセス法**といいます。

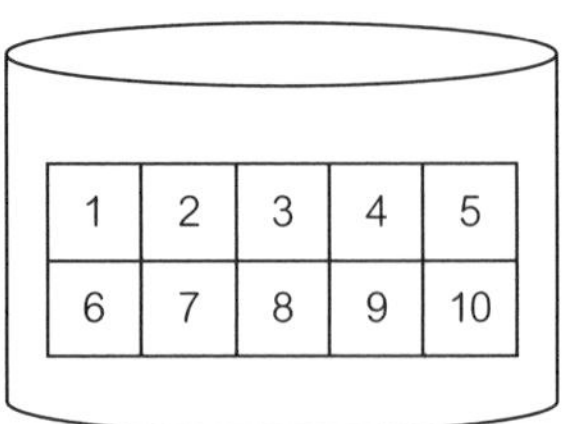


図 5.3　順編成ファイル

### (2) 直接編成

磁気ディスク装置では、データの記録場所を磁気ディスク内のアドレスにより管理しています。そのアドレスをプログラムにより指定して、各レコードに対してランダムアクセスできるようにしたものを直接編成ファイル（direct organization file）といいます。アクセスレコードの番号によって定められた記録場所にランダムに直接記録する方法です。このファイルに対するアクセス法を**直接アクセス法**といいます。

ファイルの先頭から何レコード目にあるかという相対アドレスで位置を指定するものを相対編成ファイルといいます。ここで、磁気ディスク内のアドレスを決定するのはレコード内のキー（key）と呼ばれる項目です。レコード間でキーの重複があってはなりません。キー値から直接、レコードのアドレスを求める方法をハッシング（hashing）と呼びます。レコードのアドレスを求める関数をハッシュ関数（hash function）と呼びます。

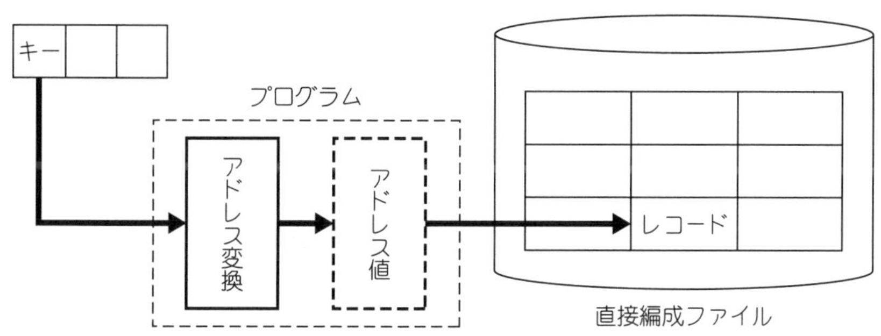


図 5.4　直接編成ファイル

### (3) 索引順編成

ファイルを複数のレコードでまとめたブロック群で構成し、ブロック内のレコードは順にアクセスし、各ブロックは直接アクセスする方法です。

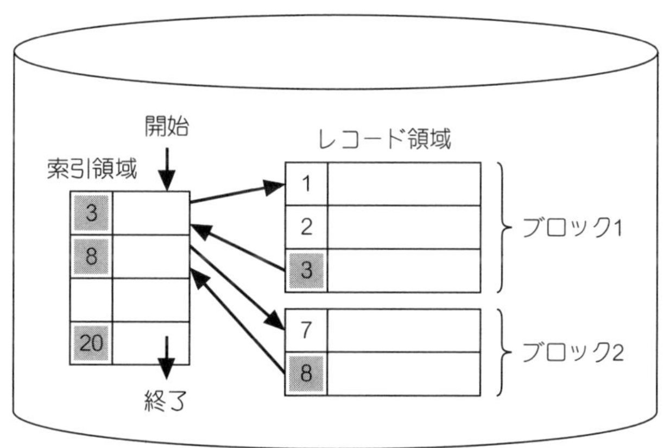


図 5.5　索引順編成ファイル

## (4)区分編成

区分編成ファイルは複数のメンバ（順編成ファイル）とそのメンバ名と格納場所を記録したディレクトリから構成されます。各メンバ内のファイルは順次アクセスです。

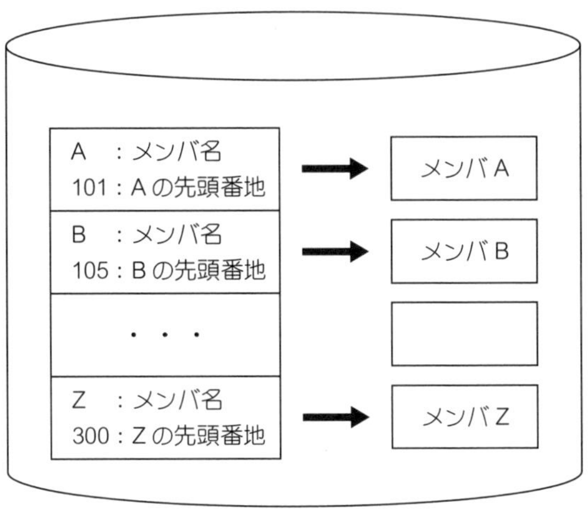


図5.6　区分編成

## (5)仮想記憶編成、VSAM(Virtual Storage Access Method)編成

利用者は実際にファイルが格納される記憶装置を意識することなく、順編成、直接編成、索引順編成を利用できるようにした編成法です。

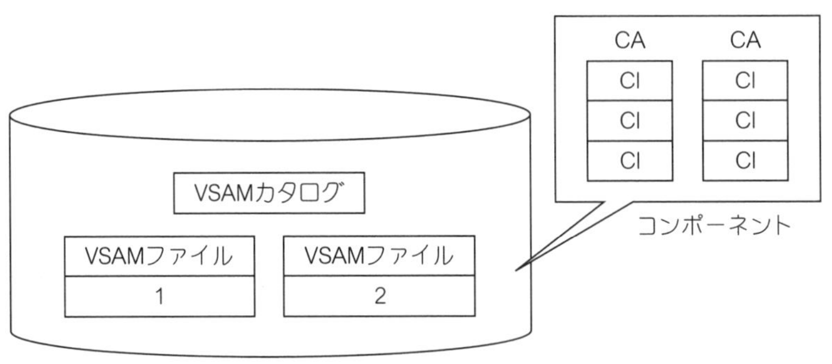


図5.7　仮想記憶編成

CI：VSAMファイルの入出力の単位

CA：コンポーネントの構成単位

コンポーネント：VSAMファイルのファイル単位の領域

VSAMカタログ：VSAMファイルに関する情報を管理する

## 5．1．5 パーソナルコンピュータのファイル管理

パーソナルコンピュータで扱うファイルは、磁気ディスクやフロッピーディスクなどの外部記憶装置に作成されます。ファイル構造はそのファイルを利用するアプリケーションに依存するため、一般的なファイル編成方法は存在しません。ファイルはファイルシステムによって管理されており、全てのファイルを一元的に扱うことができます。

**＜ファイルの記録形式＞**

FAT（File Allocation Table）方式のファイルシステムでは、ファイルの情報は、FAT、ディレクトリ領域、クラスタに分けて記録されます。

- **FAT**：クラスタの状態やクラスタに記録されたファイル情報などのファイル管理情報が書き込まれる。
- **ディレクトリ領域**：各ファイルの名前、大きさ、クラスタの開始位置などが書き込まれる。
- **クラスタ**：ある大きさに分割されたデータの記憶領域の単位。

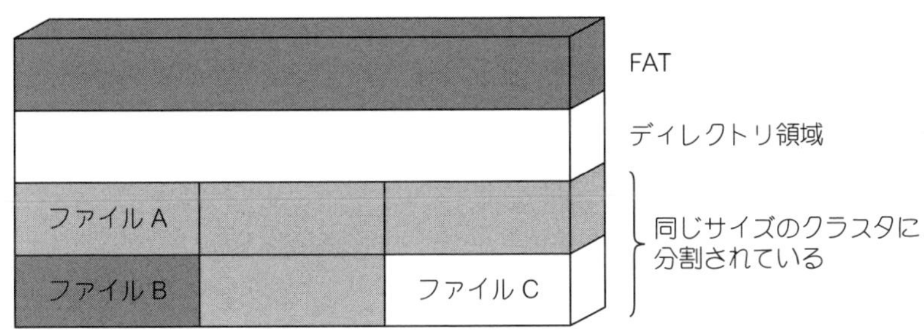


図 5.8 FAT 方式のファイルシステム

**[クラスタの割り当て]**ファイルのデータ量により、1 つのファイルには 1 つまたは複数のクラスタが割り当てられます。複数のクラスタから構成されるファイルの場合、クラスタが連続していない場合もあります。

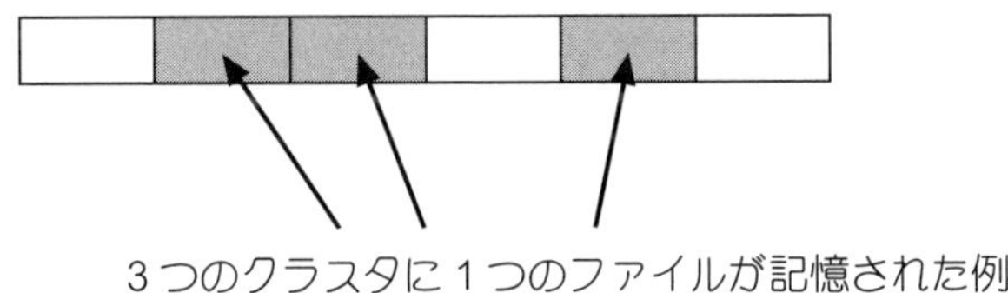


図 5.9 ファイルとクラスタ

**＜データの記録形式＞**

いくつかのデータが与えられたとき、データは文字列の連続として記憶されます。

図 5.10　データの記録

**＜ファイルシステムの構造＞**

ファイルシステムは、数多くのファイルを効率的に管理する機能で、ファイルを分類、整理して管理できるよう階層構造になっていて、基本的にはディレクトリ（またはフォルダ）とファイルから構成されています。ディレクトリはファイルを束ねる単位で、ユーザはディレクトリの下にファイルを作成します。一番上のディレクトリ「¥」はルートディレクトリと呼ばれます。

ディレクトリの下には、ディレクトリ（またはフォルダ）またはファイルが作成できます。

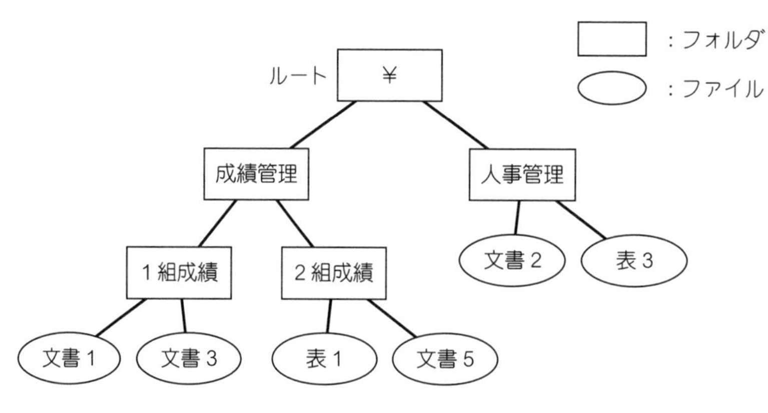


図 5.11　ディレクトリ

**＜ファイルとアプリケーションの関係＞**

ファイルはアプリケーションが読み出して利用することができます。一方、ファイルを利用するアプリケーションを定義する関連付けにより、ファイルをダブルクリックなどで指定すると OS が適切なアプリケーションを選択する仕組みも実現されています。関連付けはファイル名に拡張子と呼ばれる固有の文字列を付与して行う方法が一般的に用いられています。

# 5.2 データベース

データベースは、関連するデータを集めて整理、統合し一元化したもののことですが、従来は個々のプログラムが個々のファイルを保守していたために、情報量の増大と質の向上に対応しきれなくなってきたことに対処するために、考え出されたシステムです。

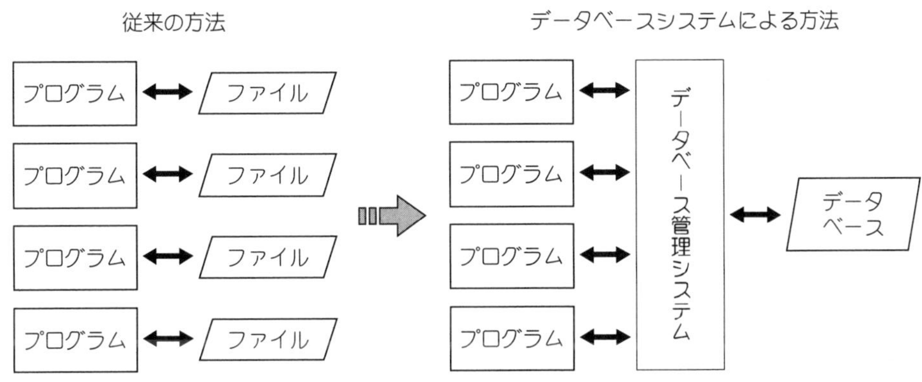


図 5.12　従来の方法とデータベースシステムとの比較

このようなシステムを**データベースシステム**といい、このデータベースシステムの作成、保守、検索を一括して処理するシステムを**データベース管理システム**（Data Base Management System：DBMS）と呼んでいます。

## 5. 2. 1　データベースにはどのような利点があるのでしょうか

データベースには、次のような利点があります。

①データを共有化することで、個々のファイルのもっている重複した項目が一元化されて無駄が省ける。

②データベース管理システムの働きで、プログラムとデータの管理が分離される。
このデータの独立性により、従来ファイルの構成を変えると、そのファイルに関するすべてのプログラムを変更しなければならなかった欠点を無くすことができます。

③ユーザは簡単な方法で、データの高度な利用ができるようになる。

## 5.2.2　データベース管理システムにはどのような機能があるのでしょうか

データベース管理システムには、次の4つの機能があります。

**①データの集中管理**

膨大なデータを一括して集中管理する機能です。この機能にはデータの冗長性の排除、データ独立性の維持、複数の利用者の同時利用などが含まれます。

**②データベースの定義機能**

データベース記述言語を利用して、スキーマの記述を行う機能です。

**＊スキーマ**：実際のデータをデータベースで利用できるようにデータベースに与える詳細な仕様（フィールド名やデータ属性など）のこと

**③データベースの操作機能**

データベースの構築や再構築などの機能です。

**④データベースの制御機能**

データの機密保護、データの保全、データの障害回復などの機能があります。

## 5.2.3　データベースの作成と運用方法について

データベースの作成から運用までの手順は以下の通りです。

①DBMSのデータベースを構築するコンピュータシステムへの導入

②データベースの定義

DBMSのデータベース定義機能を利用したスキーマを定義します。

③データベースへのデータの入力

データの投入には、ユーティリティプログラムを利用する方法、対話的に1つずつデータを入力する方法、データ投入用プログラムを作成して投入する方法があります。

④構築したデータベースの実際の運用

データが変更されるごとにDBMSによってログファイルがとられます。障害時に備えてデータのバックアップファイルをとっておくと、障害が発生したときに、バックアップファイルとログファイルによりデータベースの復旧ができます。

## 5.2.4　データベースにはどのような種類があるのでしょうか

データベースは使用するモデル（データ構造）により、構造型データベースと関係データベースに分けられます。

### (1)構造型データベース

構造型データベースには、関連するデータを階層状のデータ構造で表す階層型データベースと網目状のデータ構造で表す網型データベースがあります。

#### ①階層（ツリー）型データベース

この型は木構造と同じ階層構造をもち､1 つの上位のレコードに対して下位のレコードは 1 つ以上対応し、1 つの下位のレコードに対しては上位のレコードはただ 1 つ対応する構造になっています。

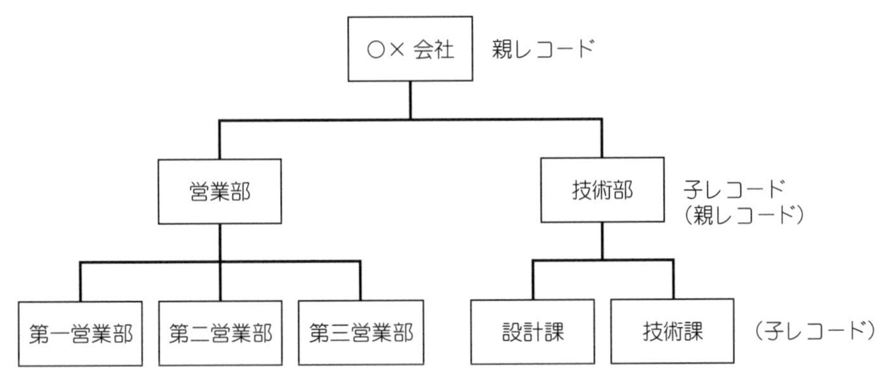


図 5.13　階層型データベース

#### ②網（ネットワーク）型データベース

網型データベースは、1 つの上位のレコードに対して下位のレコードは 1 つ以上対応することができ、また 1 つの下位のレコードに対して 1 つ以上のレコードが対応することができる網構造になっています。

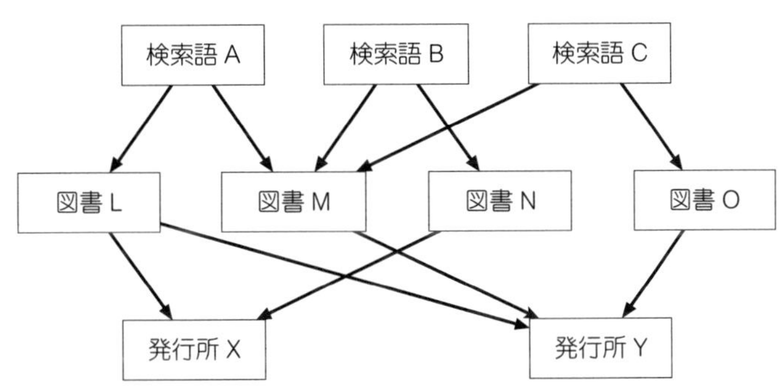


図 5.14　網型データベース

### (2)関係データベース

関係データベースは、データを表形式のデータ構造で表すもので、**リレーショナルデータベース**ともいいます。

データ間の関係を表（関係）形式で表現し、表は**行**（レコードに相当）と**列**（属性ともいい、フィールドに相当）で構成されます。

**＜関係データベースの 3 つの基本操作＞**

関係データベースの基本操作には、選択、射影、結合の 3 つがあります。

**①選択**

表から特定の行を取り出すこと

**②射影**

表から特定の列を取り出すこと

**③結合**

複数の表から共通する列をもとに複数の表を結合させて、新たに表を作成すること

関係データベースの操作には一般的に SQL というデータベース言語（問い合わせ言語）が用いられます。SQL は、対話型の操作でデータベースシステムに入力したり、プログラムに埋め込んで動的にデータベースを操作したりすることに用いられます。

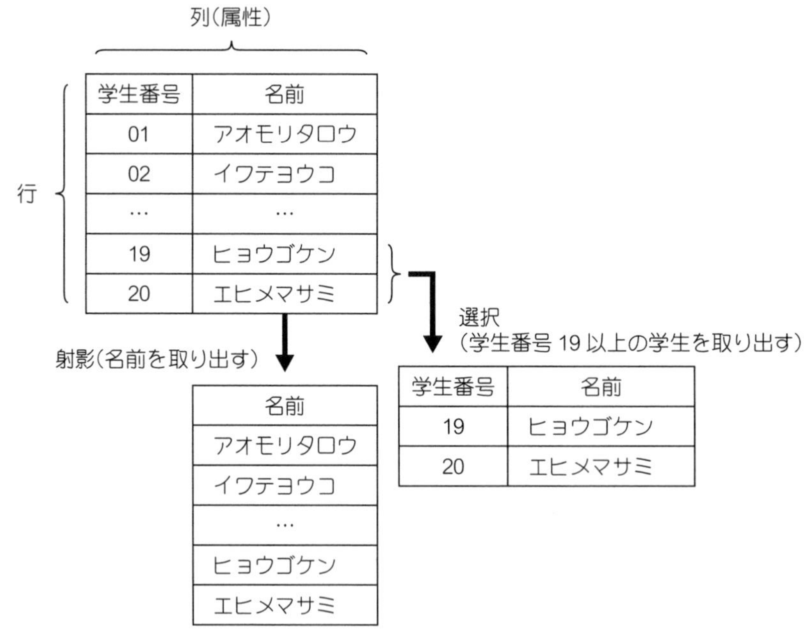


図 5.15　関係データベース

# 第5章　演習問題

1．ファイルに関する記述のうち、正しいものはどれか。

ア　ファイルは情報処理を行う場合の対象となる単位で、いくつかの目的の異なるデータの集まりである。

イ　ファイルは複数のレコードからなり、さらにレコードはいくつかのフィールドから構成される。

ウ　ファイル編成法のうち直接編成法では、レコードはファイルの先頭から順に連続して記録される。

エ　ファイル編成法のうち区分編成法では、複数のメンバとそのメンバ名と格納場所を記録したディレクトリから構成される。

オ　変動ファイルは、トランザクションファイルとも呼ばれ、処理上逐次発生するデータを格納しておくファイルである。

2．データベース管理システムとは何か、その機能も含めて述べよ。

3．データベースに関する記述のうち、正しいものはどれか。

ア　データベースは、関連するデータを集めて整理、統合し一元化したものである。

イ　構造型データベースのうち、網型データベースは1つ上位のレコードに対して下位のレコードは1つ以上対応し、1つ下位のレコードに対しては上位のレコードはただ1つ対応する構造になっている。

ウ　関係データベースは、データを表形式のデータ構造で表すもので、リレーショナルデータベースともいう。

エ　データの集中管理は、データベースの構築や再構築、データの機密保護などの機能をもつ。

4．パソコンのファイルシステムに関する記述のうち、正しいものはどれか。

ア　ファイルのデータ量により、1つのファイルには1つまたは複数のクラスタが割り当てられる。

イ　ファイルが複数のクラスタから構成される場合、クラスタが物理的に連続していないこともある。

ウ　FATには、ファイルの名前、大きさ、クラスタの開始位置などの情報が書き込まれる。

エ　ファイルシステムはディレクトリの下には、別のディレクトリは作成できない。

# 第6章　通信ネットワークの基礎

通信とはメッセージや情報（音声、文字、画像など）を伝達（交換、授受）することです。通信ネットワークとは、電話、ファクシミリ、コンピュータなどの端末機器を用いて、情報を伝送あるいは交換するシステムです。ここでは、通信の基礎といろいろな通信ネットワークについて述べます。

## 6.1 通信の基礎

音声、文字、静止画像、動画像などの情報は、いずれも電気信号に換えられて離れたところにいる相手に伝えられます。どのような電気信号が伝えられるのかを調べます。

**【アナログ信号】**

音の空気振動を電気信号に変えると、図 6.1(a)のように、電圧（または電流）の値が、時間とともに連続的に変化する波の形になります。このように、連続的な電圧の値をとりながら変化する波形を**アナログ信号**波形といいます。

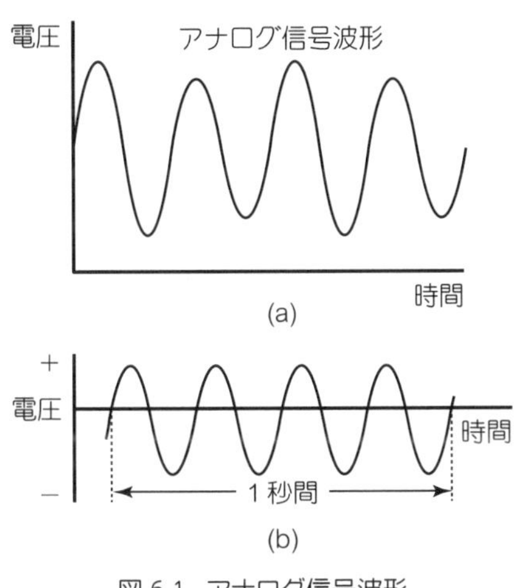


図 6.1　アナログ信号波形

アナログ信号は2本の銅線間の電圧がプラス（+）とマイナス（−）を交互に繰り返しながら変化することによって伝えられます。あるいは、空気中を伝播する電波として伝えられます。また、1秒間に波が繰り返す回数を**周波数**といいます。単位はヘルツ（Hz）で、図 6.1(b)は 4Hz の波の例を示しています。

波に情報を載せるには波の形状を変えます。この処理を変調と呼びますが、振幅変調（波の大きさ（振れ幅）を変える）、周波数変調（波の周波数を変える）、位相変調（波の位相（周期の位置）を変える）の方式があります。

実際の音などの波は複雑な形をしていますが、どのような複雑な波でも周波数の異なる多数の波を組み合わせてつくられます。そして最低周波数と最高周波数の間を**周波数帯域**といい、電波の用途によってふさわしい帯域を割りあてています(表 6.1)。

表 6.1　電波の種類

| 周波数 | 電波の種類 | 用　途 | 特　徴 |
|---|---|---|---|
| 300GHz<br>30GHz | ミリ波 | 電波天文、自動車レーダー、簡易無線 | 電離層で反射せず直進する。<br>山や大きな建物の陰には届きにくくなり、雨や霧で弱められる。 |
| 3GHz | マイクロ波 | 衛星通信、衛星放送、各種レーダー | |
| 300MHz | 準マイクロ波<br>極超短波 | 携帯電話、PHS、タクシー無線、テレビ放送 | |
| 30MHz | 超短波 | FM 放送、各種移動通信 | |
| 3MHz | 短波 | ラジオ放送（海外向け）、アマチュア無線 | 電離層と地表で何回も反射を繰り返して、地球裏側まで届く。 |
| 300KHz | 中波 | ラジオ放送、船舶通信、無線航行 | 地表に沿って遠くまで届き、また電離層で反射して海外まで届く。 |
| 30KHz | 長波 | 無線航行（ロラン）<br>航空移動通信 | |

**【ディジタル信号】**

コンピュータで使っている信号の波形は、電圧の値が例えば0Ｖ（ボルト）と−2 Ｖの 2 つの値だけをとって変化します。

このような波形を**ディジタル信号**波形といい、この信号波形を伝えるには、2 本の銅線間の電圧を変化させることによって行います。

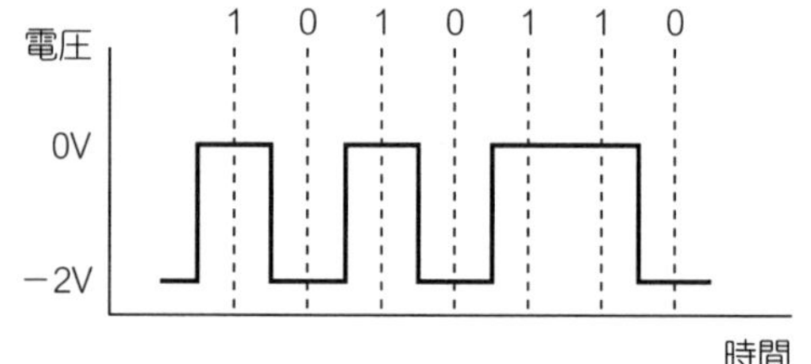


図 6.2　ディジタル信号波形

ディジタル信号波形の一定時間間隔で区切った各時点での信号を**パルス**といいます。そしてこのパルスの電圧が 0 Ｖのとき「1」、−2 Ｖのとき「0」という 2 つの符号で表します。そうすると、パルスの 1 つ 1 つが 1 ビット（「1」か「0」か）の情報を表すことになります。

最近はディジタル方式で信号を送ることが多くなってきていますが、その理由としては、①音声、データ、画像など異なる種類の情報を容易に送ることが可能、②雑音妨害などの影響を受けにくい、③品質がよく安定性がある、④保守が簡単である、などがあげられます。

1 秒間に送るパルスの数をディジタル信号の**伝送速度（ビットレート）**といい、単位は「ビット／秒」でこれを bps で表します。図 6.3 はビットレートと各種情報の関係を示していますが、ディジタル化の方法の違いによって、同じ情報でもいろいろなビットレートの値をとります。また同じ情報では、ビットレートの高いほうが品質はよくなります。

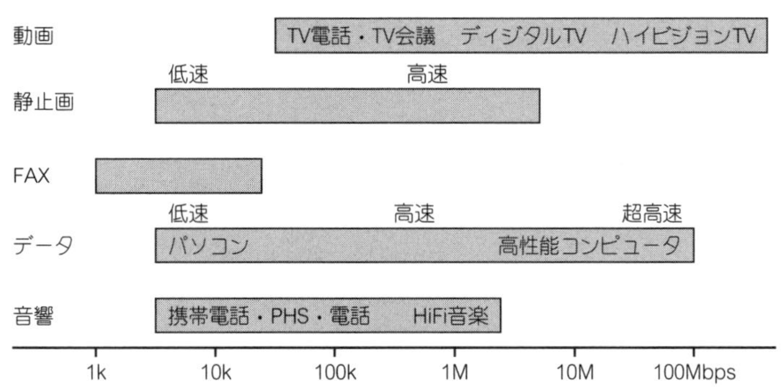


図 6.3　ビットレートと各種情報の関係

**<アナログ信号をディジタル信号に変えるにはどうするのですか>**

まず、連続的に変化するアナログ信号波形を短い時間間隔で区切り、各時点（図 6.4 では(1)、(2)、(3)、(4) の各時刻）での標本値（電圧の瞬時値[V]：図 6.4 では 0、2.8、3.0、1.5)を求めます。このようなアナログ信号を一定の時間間隔に分割する作業を**標本化**といいます。

次に標本値(ここでは 0、2.8、3.0、1.5)を四捨五入や切り捨てにより、離散的な値（量子化値：ここでは 0、2、3、1[V])）に置き換える作業、すなわち**量子化**を行います。

そして、得られた量子化値を 4 ビットの 2 進数で**符号化**します。

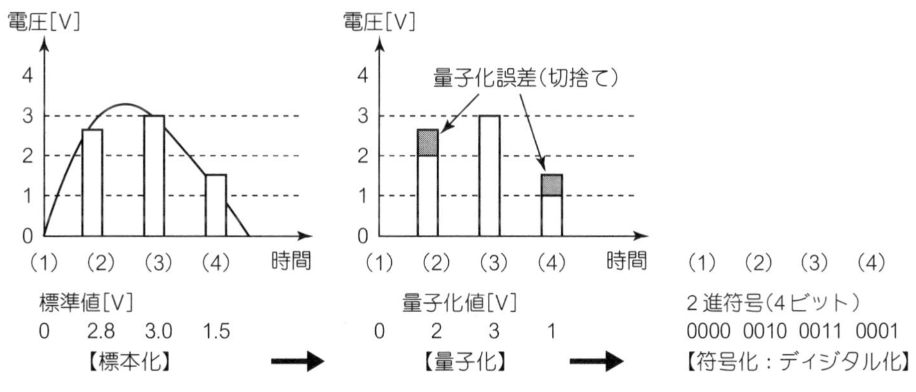


図 6.4　標本化

このようなアナログ信号からディジタル信号に変えるには、A／D 変換器（Analog to Digital Converter）を使って行います。

**<ディジタル信号からアナログ信号に変えるにはどうするのですか>**

伝送されたディジタル化された符号（この例では、「0000」、「0010」、「0011」、「0001」）をもとのアナログ信号に変える（この例では、0、2、3、1[V]にする）には、D／A 変換器（Digital to Analog Converter）を用いて行います。

この階段状の D／A 変換器による出力波形を元の波形に近づけるには、低い周波数成分だけを通過させる「低域濾波器」と呼ばれる周波数フィルタを用います。

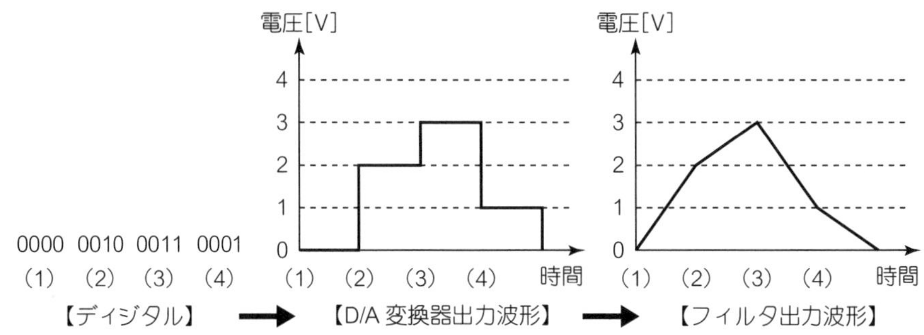


図 6.5　アナログ信号への変換

# 6.2 通信ネットワーク

電話、ファクシミリ、コンピュータなどの端末機器を用いて、情報を伝送あるいは交換するシステムが通信ネットワークです。役割はメッセージや情報（文字、音声、静止画像、動画像など）を、必要な場所に効率良く正確に送ったり、受け取ったりすることです。ここでは通信ネットワークにはどのようなものがあるかを見ていきます。

**<電話ネットワーク>**

電話ネットワークは 1 つの電話機から電話局の交換機を介して、通信ができる広域ネットワークです（図 6.6）。交換機によって、一度つながった回線は常につながっています。例えば、電話の途中で話が無くなり、黙っている間（伝える情報がない時間帯）も電話をしている 2 人がその回線を占有しています。

＜データ通信ネットワーク＞

データ通信ネットワークは、コンピュータなどのデータ端末でつくられるディジタルデータを、他のデータ端末に伝送するネットワークです。データ伝送にアナログ専用線を使用する方法はビットレートが低いために、ディジタル専用線を使用する方法が考え出されました。

(1)アナログ専用線利用

パソコンなどのデータ端末からのディジタル信号をモデムによってアナログ信号に変え、これを電話網やアナログ専用回線を利用して伝送し、モデムによってディジタル信号に変えた後に他のデータ端末で受信するシステムです。

ビットレートは通常 4.8kbps～9.6kbps で、回線の条件がよい時は 33.6kbps です。

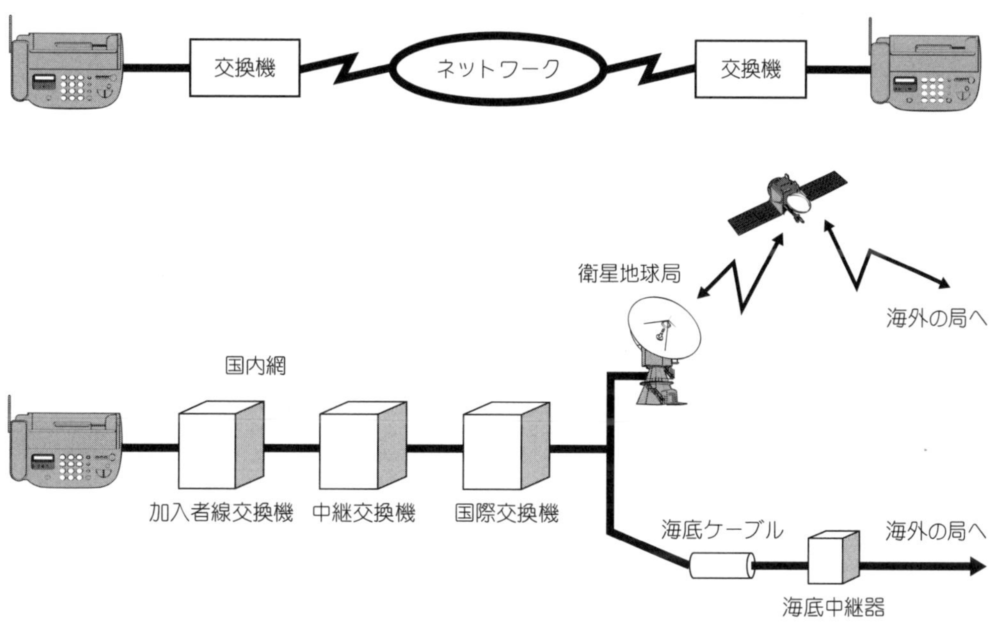


図 6.6　電話ネットワーク

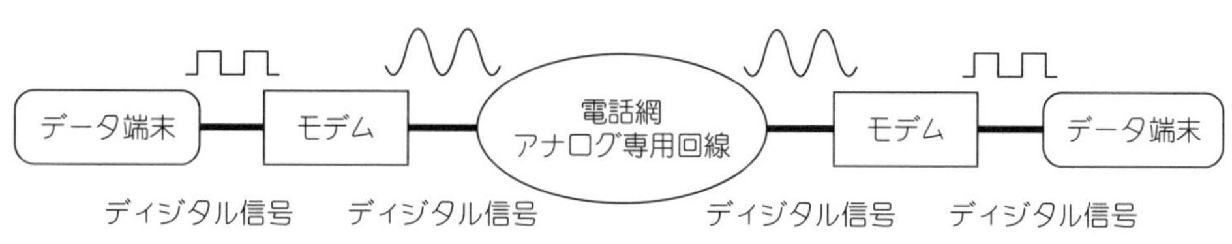


図 6.7　アナログ専用線

(2)ディジタル専用線利用

ディジタルデータ交換網(ディジタル専用線)を利用するネットワークで、DSU(Digital Service

Unit：データ端末装置とディジタル専用線間の信号変換を行う装置）を介して行います。ビットレートは高速のものでは 150Mbps などがあります。

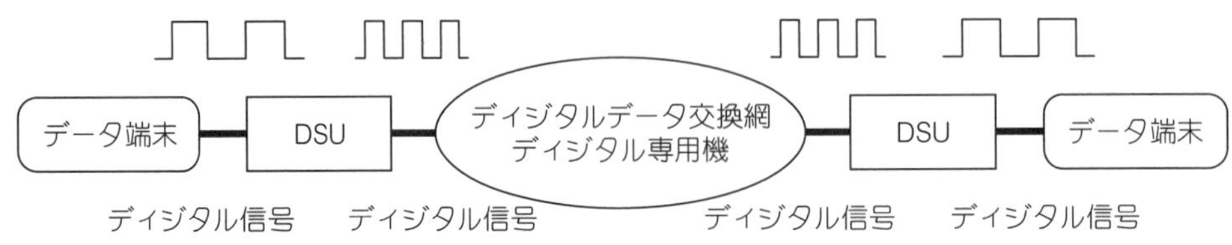


図 6.8　ディジタル専用線

**<ISDN（Integrated Services Digital Network：統合サービスディジタルネットワーク）>**

1 つのネットワークで、電話機、ディジタルファクシミリ（G4 FAX）、テレビ電話機、コンピュータなどすべての通信サービスを扱えるようにした統合ディジタル通信網です（図 6.9）。

ISDN では宅内に DSU が必要で、ディジタル交換機を通じて他の端末との通信を行います。ISDN では、64kbps の 2 回線と制御信号のための 16kbps の 1 回線で構成されています。これを「2B＋D」で表します。ISDN の最大のビットレートは 1.5Mbps です。

＊DSU（Digital Service Unit）：データ端末装置とディジタルデータ通信回線間の信号変換などを行うデータ回線終端装置（DCE）の一種。

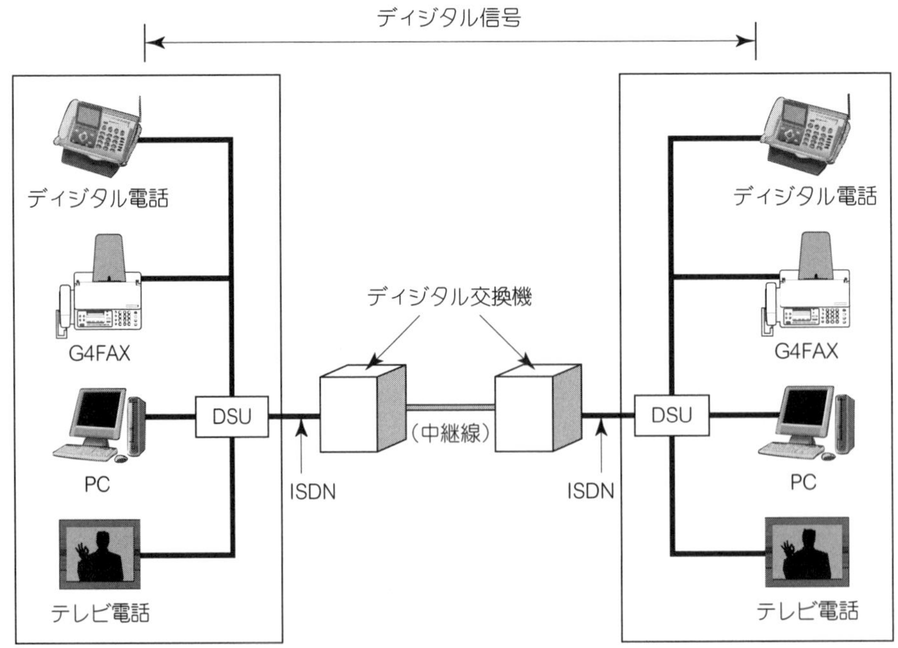


図 6.9　ISDN

<B-ISDN（広帯域 ISDN）>

B-ISDN は電話、ファクシミリ、データ、静止画、テレビ電話、テレビ会議などを扱える ISDN の機能を、テレビ映像や超高速データも扱えるように機能拡張した広帯域（ブロードバンド）の ISDN です。B-ISDN には光ファイバケーブル（Gbps の超高速ディジタル信号が伝送可能）を全面的に使用します。

また宅内に信号を光と電気に相互変換する ONU（光回線終端装置）を使用します。音声、データ、画像など性質の異なる情報を送るときには同じネットワークの中で効率のよい交換や多重化ができる ATM（非同期転送モード）を使います。

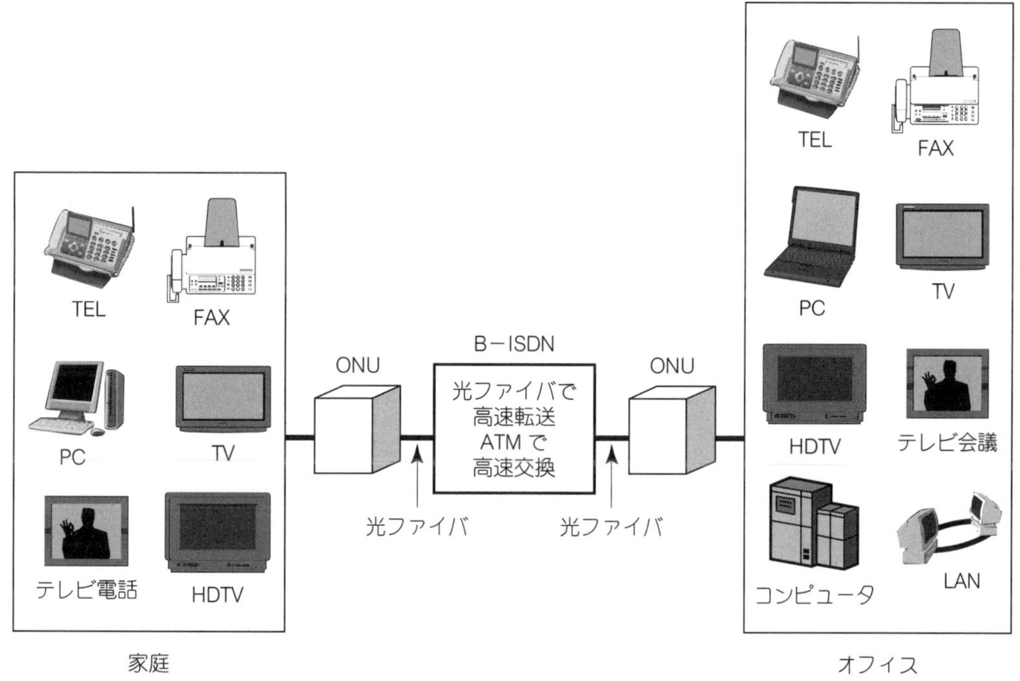


図 6.10 B－ISDN

# 6.3 コンピュータネットワーク

コンピュータネットワークとは、コンピュータをさまざまな通信機器を使ってつなぎ、利用する形態を意味します。銀行オンラインシステムや鉄道や航空機の座席予約システム、行政の情報システムなどさまざまな形で身の回りに存在しています。職場や学校で利用されているコンピュータネットワークもその代表です。

ネットワークで接続された機器やデータをユーザが共有することによって、ハードウエアやソフトウエアの資源を有効に活用することができるとともに、コミュニケーションツールとして利用することで、利用者同士の人的資源を有効に利用することができます。

まず、身近に利用しているコンピュータネットワークから話を広げていきます。

<LAN（Local Area Network）>

小規模な通信ネットワークの一形態で、同一敷地内、同一構内、同一建物内など比較的狭い地域に分散して配置したコンピュータ、プリンタ、ファクシミリ、電話などの端末を伝送媒体で接続して構成したネットワークです。大量かつ高速なデータの伝送、負荷の分散、資源の共有など高度なOA化の実現を目指しています。またLANは電気通信事業者でなくても誰でも自由につくって利用することができます。

### (1)LANの接続形態

LANの接続形態には、下記のバス状網（図6.11(a)）やリング状網（図6.11(b)）の他にスター型やループ型もあります。

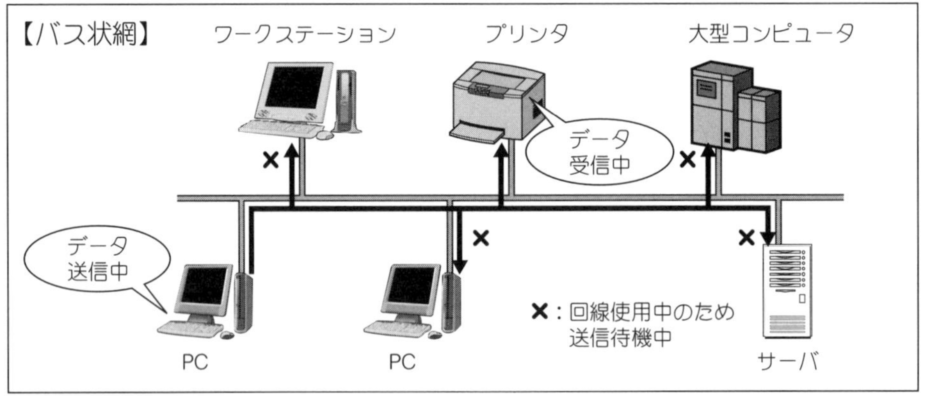


(a)　バス形（CSMA/CDアクセス方法）

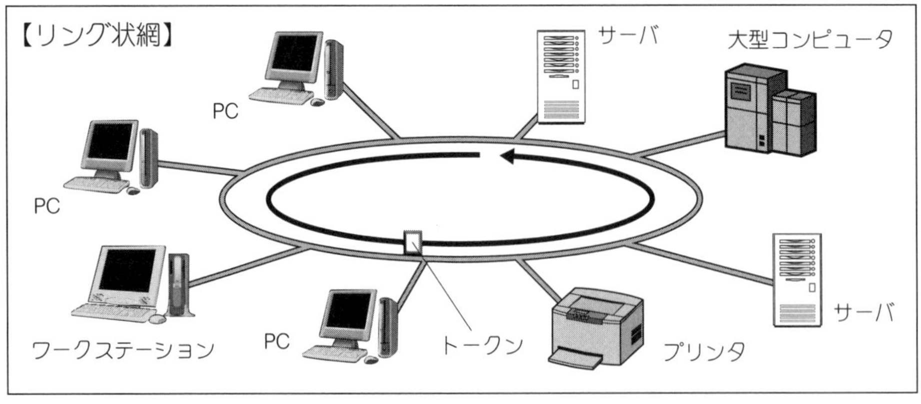


(b)　リング形（トークンパッシングアクセス方法）

図6.11　LANの接続形態

## ＜代表的な LAN の方式＞

### ①Ethernet LAN

DEC、Intel、Xerox が開発した通信の規格で、頭文字をとって DIX 規格と呼ばれます。現在は IEEE（The Institute of Electrical and Electronics Engineers）によって改良が加えられ国際標準規格となっています。Ethernet では伝送制御に、CSMA/CD（*Carrier Sense Multiple Access/Collision Detection*：搬送波感知多重アクセス／衝突検出方式）という方式を用います。この方式は、一見難しく感じられますが、私たちが数人の人々と言葉を使って、その中の特定の人と話し合うときのことを想定すれば、私たちが自然に行っていることを規格化したにすぎません。具体的には、データを送出するとき、回線の状況を調べ、回線が空いていれば送出し、空いていなければ一定時間待った後再度送出をするというものです。送信中に、他の信号と衝突を起こしたことを感知した場合には、信号が正しく送られないことになります。そのときは、各端末に衝突を通知し、待機状態に入ってもらいます。その後、ランダムに時間を待って再び、回線の状況を調べ、空いていれば再送信を行います。この方式では、多数のコンピュータが存在すると衝突が発生しやすくなり、転送速度が極端に落ちてくるという欠点をもちます。しかし、適度な規模においては非常に有効で、多くのネットワークで利用されています。

### ②トークンリング LAN

リング型の接続形態で代表的な LAN です。トークンパッシング方式と呼ばれる方式で複数の端末が同時にデータを送信しないようになっています。フリートークンという送信権を与えるパスポートのような信号が LAN の中を回り、このフリートークンをとらえた端末が送信権を獲得したことになり、送信を行います。送信を終了すると、フリートークンを開放します。

### ③無線 LAN

ケーブルを使わないデータ伝送を行う LAN です。電波を使う方式と光（赤外線）を使う方式に大別できます。赤外線通信の場合は、指向性が高いため両方の光軸を合わせる必要があります。

電波を使う方式は自由度が高く広く普及しています。電波の強さや建物の状況によりますが数十メートルの範囲で送受信が可能です。オフィスや家庭で利用される規格は IEEE802.11 シリーズで、2.4GHz 帯の電波を用いる 11b、11g、5GHz 帯の電波を用いる 11a、11ac、両方で提供できる 11n、11ax、60GHz 帯を用いる 11ad があります。11ax では 9.6Gbps までの速度がでます。これらの規格はブランド名として Wi-Fi と呼ばれています。アクセス方式には CSMA/CA（*Carrier Sense Multiple Access/Collision Avoidance*：搬送波感知多重アクセス／衝突回避方式）が使われています。有線の Ethernet のように衝突を検出することができないため、各端末から一定時間信号が送出されていないことを確認したのち、ランダムな経過時間後にデータを送出します。送信がうまくいった場合には、受信先から肯定応答が返されます。この信号が来なかった場合は再送信します。

無線 LAN は電波で送られるため誰もが受信することが可能です。従って、通信を暗号化し接続に認証を必要とするなどセキュリティ対策が大切となります。

### (2)LAN と LAN をつなぐには

離れた場所にある LAN 同士を接続するネットワークはその大きさに従って MAN (Metropolitan Area Network, ～100km)、WAN (Wide Area Network : 広域ネットワーク, 100km ～1000km) と呼ばれますが、厳密な区別はありません。LAN を結ぶ回線は、電気通信事業者が用意したものを利用します。LAN の出入口には、ルータが必要になります。ルータによって LAN 内と LAN 外のグループ分けを行います。

**①専用線サービス**（高速ディジタル専用線接続法）

契約時に指定した 2 点間の固定的な接続を行う方式です。

特に高速伝送を必要とする場合（例えば 150Mbps）や通信量が多い場合、また高信頼性を要求する場合に適します。

図 6.12　高速ディジタル専用回線

ルータ（Router）: LAN とネットワークを接続する装置

**②回線交換サービス**

相手を指定し、接続を確立し、情報を伝送するサービスです。ダイヤルアップ接続と呼ばれます。接続先は固定ではなく、任意の接続先を選択できます。通信を行うときだけ相手の LAN を選んで接続することができ、また使用料に応じた料金を支払うことになります。たとえば一般的な電話回線や ISDN 回線による接続が、回線交換サービスに当たります。かつてのパソコン通信ではこの方式が用いられていました。

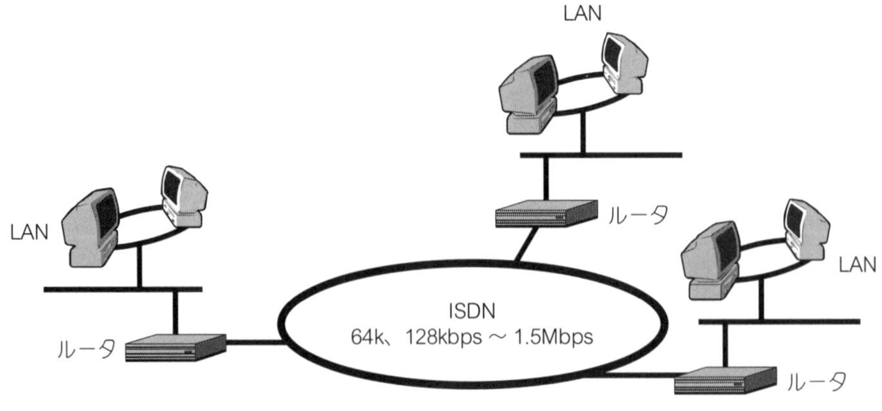


図 6.13　ISDN 回線

### ③パケット交換サービス

宛先指定をパケット単位で行い、同時に複数の相手との接続を提供するサービスです。インターネットのところで解説します。

（フレームリレー接続法）

誤り訂正・再送信手順や送・受信順序制御などを簡素化し高速化をはかったパケット通信方式です。伝送路の信頼性の向上と端末の高機能化にともなって、1990 年代にサービスが開始されました。これは、半固定的に接続して専用線的な使い方をするもので、専用線よりも料金は安く、また複数の LAN を相互に接続できます。

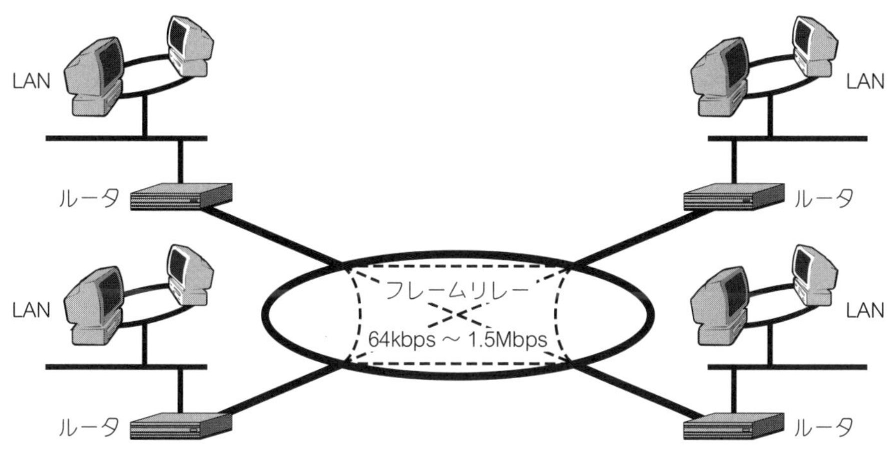


図 6.14 フレームリレー

ブロードバンドネットワークではパケット交換が行われており、電話回線で電話の信号よりも高い周波数の電気信号を使って高速通信を実現する ADSL（Asymmetric Digital Subscriber Line）も実現されています。またケーブルテレビ網を用いて接続するサービスや光ファイバを用いて接続する FTTH（Fiber To The Home）もあります。また携帯電話網を用いた LTE、5G といったネットワークによる接続もできます。

## <インターネット>

インターネットは米国国防総省で開発された ARPA ネットを起源にし、現在は世界各国のコンピュータネットワークを相互に接続した国際規模のコンピュータ通信ネットワークです。ネットワークのネットワークという意味を持ち、LAN のようなローカルネットワークを次々に結んでいって世界中をカバーしています。そのためインターネット全体の管理主体が存在せず、それぞれのネットワークの管理者がそれぞれの部分の責任を持って運用しています。

世界中のさまざまなコンピュータがつながる LAN が相互に通信をするためには、基本的な約束事（通信プロトコル）が必要になります。インターネットの基本的な仕組みについて見ていきましょう。

**①パケット通信**

データを送受信するときにデータを細かく分割して送ります。この分割されたデータをパケット（packet）といいます。パケットには宛名やデータの管理情報などを含んだヘッダが付けられます。パケットはヘッダの情報をもとにルータにより目的のコンピュータへ送られます。

パケット通信の利点は、

1）複数の端末（利用者）が伝送路や交換施設を共有できるため、利用効率が高い（料金を安くすることができます）

2）データが一度蓄積されるため異なる速度の端末装置同士でも通信が可能

3）伝送路や交換設備が複数つながっている場合は、途中で経路選択が可能で障害に強い

4）データを中継局が蓄積し、誤り検出したときに再送信が可能なため、データ誤りの無い通信ができる

ということがあげられます。

一方、実効通信速度が保障できないなどの欠点があります。

**②通信プロトコル（TCP/IP）**

インターネットで情報をやり取りするときには、いろいろなソフトウエアを使い情報を処理し、多種にわたるコンピュータ、ハードウエア、通信回線などを使います。それぞれの処理の組み合わせは膨大なものになります。そこで、処理を階層化し、各階層における役割と機能をプロトコルとして決めておきます。

ISO と CCITT（現在の ITU-T）が通信ネットワークに関する国際標準化した OSI 参照モデルは、7 つの階層に分けて定義しています。一方、インターネットで利用されている TCP/IP では 4 つの階層に分けられています。OSI 参照モデルと比較したものを表 6.2 に示します。

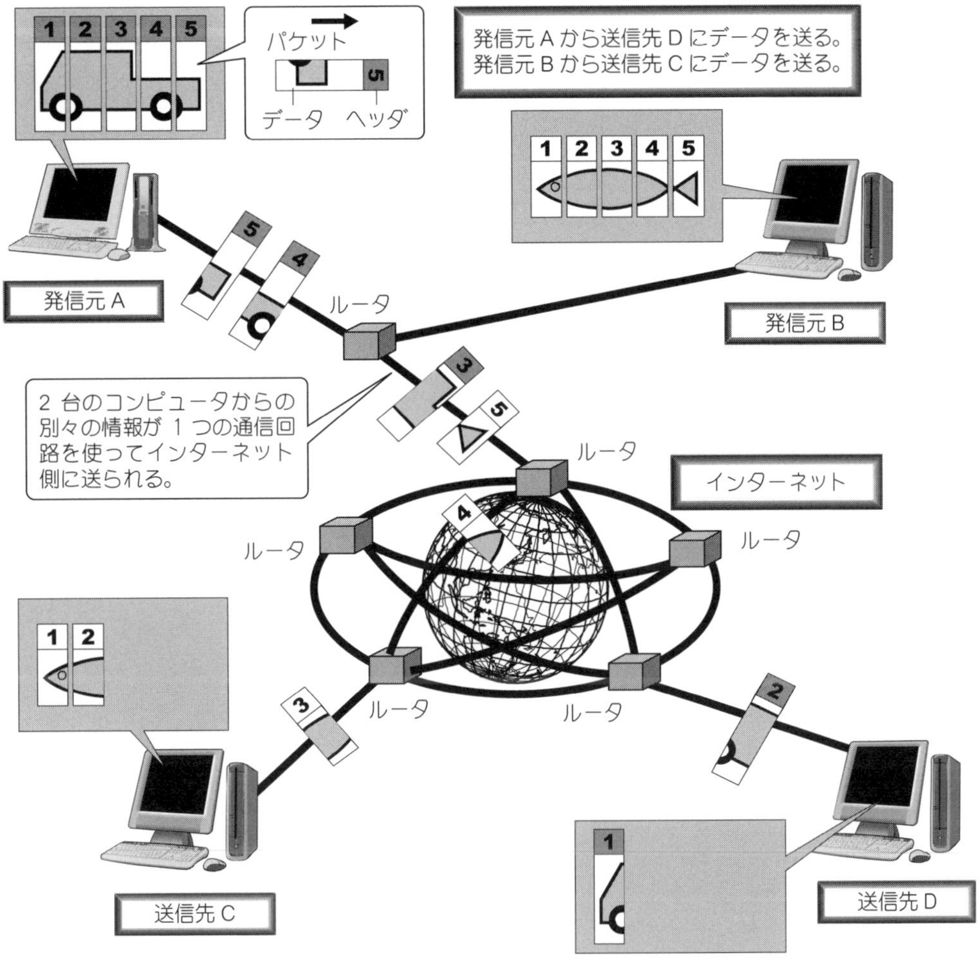

発信元 A から送信先 D にデータを送る。
発信元 B から送信先 C にデータを送る。

パケット

データ　ヘッダ

発信元 A

発信元 B

ルータ

2 台のコンピュータからの別々の情報が 1 つの通信回路を使ってインターネット側に送られる。

インターネット

送信先 C

送信先 D

図 6.15　パケット通信のイメージ図　(『情報 C』開隆堂より一部改変)

表 6.2　プロトコル階層モデルの比較

| 階層 | OSI 参照モデル | TCP/IP | | データを送る側 | データを受ける側 |
|---|---|---|---|---|---|
| 7 層 | アプリケーション層 | アプリケーション層 | HTTP,SMTP,<br>POP,FTP<br>など | サーバ<br>データ<br>⇩ | データ<br>⇧ |
| 6 層 | プレゼンテーション層 | | | | |
| 5 層 | セッション層 | | | | |
| 4 層 | トランスポート層 | トランスポート層 | TCP,UDP<br>など | データ+①<br>⇩ | データ+①<br>⇧ |
| 3 層 | ネットワーク層 | インターネット層 | IP など | データ+①+② | データ+①+② |
| 2 層 | データリンク層 | ネットワークインタフェース層 | Ethernet,ATM,<br>FDDI | ⇩ | ⇧ |
| 1 層 | 物理層 | | | データ+①+②+③ | データ+①+②+③ |

⇨

①：TCP ヘッダ　②：IP ヘッダ　③：ネットワーク回線用ヘッダ

**・アプリケーション層**

OSI 参照モデルにおいてセッション層以上に相当します。HTTP、WWW、Telnet、電子メール、などのサービスを提供します。

**・トランスポート層**

データを届ける信頼性を決める仕事を担当します。データをある制限内のサイズに分割して送信し、受信の際には元のメッセージになるようにパケットを順番どおり組み立てなおします。

**TCP**（Transmission Control Protocol）：確認つき（コネクション型）のプロトコルで、信頼性を重視した設計になっています。

**UDP**（User Datagram Protocol）：確認なし（コネクションレス型）のプロトコルで、速度を重視した設計になっています。

**・インターネット層**

IP（Internet Protocol）データを目的のコンピュータに届ける仕事を受け持ちます。ヘッダにはパケットの長さ、送信元のアドレス、送信先のアドレスなどの情報が格納されています。

**・ネットワークインタフェース層**

データを通信するためには、データを電気信号や光信号に変換する必要があります。一方、受信した信号はコンピュータが認識できるディジタル信号へと変換する必要があります。これらの処理やインタフェースの約束ごとが決定されています。

このように、TCP/IP の階層モデルにおける通信では、トランスポート層で処理される TCP ヘッダ、ネットワーク層で処理される IP ヘッダ、データリンク層で処理される Ethernet ヘッダが付加されます。送信するときはデータの先頭にこの順番にヘッダが付加され、受信するときは先頭から順番にヘッダが取り除かれて元のデータに復元されます。

パケットの分割は送信側のコンピュータが、パケットの再構築は受信側のコンピュータが行います。パケットは常に同一の経路をたどって、受信先のコンピュータにたどるとは限りません。受信されたパケットは順番が逆になっていたりすることもあります。そのため、IP ヘッダにはどの部分の情報かを識別するための情報も含まれます。

**③コンピュータを特定する方法（IP アドレス）**

世界中につながっているコンピュータの中からあるコンピュータを探すには、目的のコンピュータを特定する必要があります。TCP/IP ではこの所在を表す方法として、IP アドレスが使われます。IP アドレスは、8 ビットで表された 0 から 255 までの数値を 4 つ組み合わせて表現します。

IP アドレスの表記では、8 ビットずつ区切り 10 進数で表示します。

図 6.16　IP アドレスの表記

インターネット上の世界中のコンピュータには、IP アドレスが重複することなくつけられ、IP アドレスを指定することでコンピュータを特定することができます。

**column**

**グローバル IP アドレスとプライベート IP アドレス**

IP アドレスは理論上 43 億台のコンピュータに割り当てることができます。全世界で利用するには足りなくなってしまいます。そこで、インターネットのサーバなど公開する必要のある機器には管理団体から割り当てられたグローバルアドレスを使い、インターネットに公開する必要のないコンピュータ等の機器には LAN の中でのみ有効なプライベートアドレスを用います。このコンピュータがインターネット上のサーバに接続するためには IP アドレスを変換する装置によってグローバル IP アドレスに付け替えられて通信をします。これを NAT（Network Address Translation）といいます。

**・IPv4 から IPv6 へ**

IPv4 の IP アドレスは、32 ビットの長さを持ち、およそ 43 億台のコンピュータに割り当てることができます。インターネットの普及によりアドレスの枯渇が予測されています。そこで、128 ビットでアドレスを管理する IPv6 が開発されました。最大 $3.4 \times 10^{38}$ 個のアドレスをもち、セキュリティやプライバシーの保護機能の標準サポートやリアルタイム通信などを考慮したプロトコルとなっています。

**④効率よく目的のコンピュータを探す方法**

コンピュータは組織ごとに階層的に管理されることで、効率よくデータの送受信を行う工夫がされています。その IP アドレスが組織内か組織外かの情報は、サブネットマスクにより IP アドレスをネットワーク部とホスト部に分割して読み取る工夫がされています。

同じ組織内のデータ転送には直接コンピュータ同士が通信します。

組織外へのデータ転送には、ネットワーク（LAN）の出入り口に当たるゲートウェイに送られます。一般にはルータがゲートウェイの働きをします。ルータは、データをどのネットワークへ送ればよいかという経路情報（ルーティングテーブル）をもっており、これに従って次のルータへ送ります。経路情報に基づきながらデータを目的のネットワークへ届けます。

こうした工夫により、データを効率よく送受信しています。

**⑤コンピュータ名を使って管理する工夫**

コンピュータ同士が通信をするときは、IP アドレスによって目的のコンピュータを特定しますが、人間にとって IP アドレスはわかりにくい数値です。そこで、コンピュータを人にわかりやすい名前をつけて管理できると便利です。そのためには、組織ごとに階層化して同じ組織の中では唯一の名前にすることが必要です。

例えば、われわれの住所がそのような考え方で階層化されています。東京都千代田区永田町 1 丁目 10 番地 1 は国会図書館を示します。

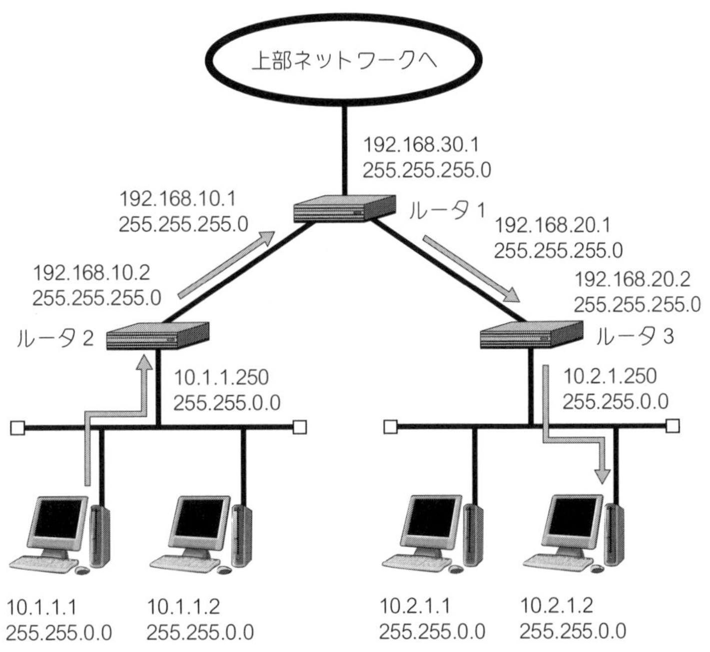


図 6.17　IP アドレスによる組織的な管理とルータによる経路制御例

インターネット上のコンピュータを特定するためにも、国や組織の種類、名称などを階層的に整理して、あるコンピュータを判別するように名前をつけることが考え出されました。こうしてつけられた固有の名前がドメイン名です。

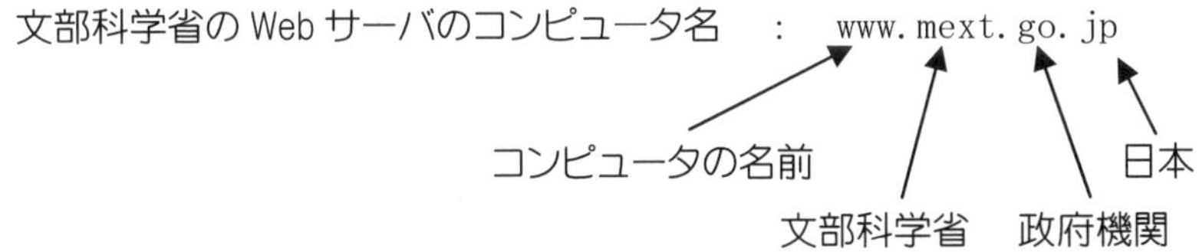

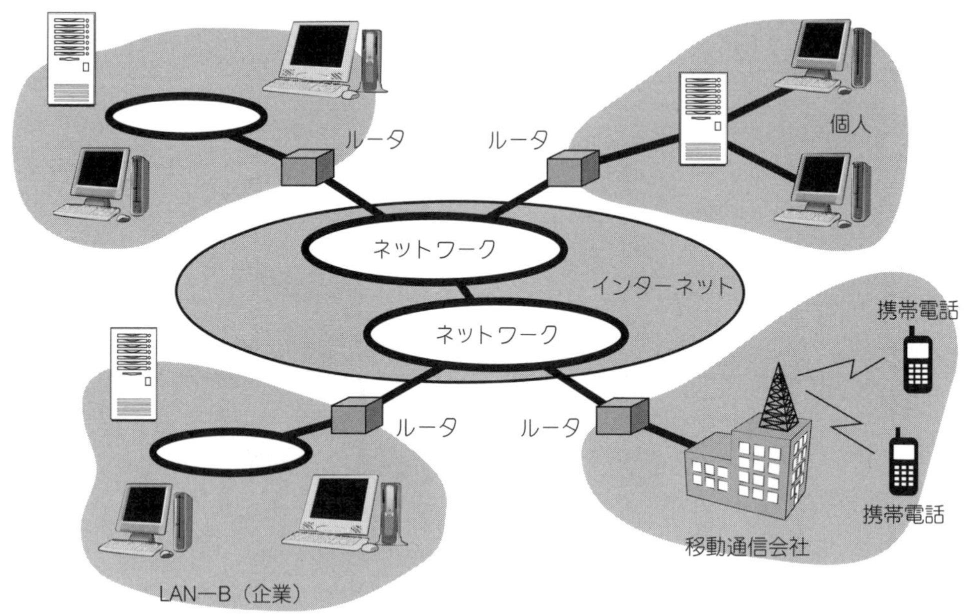


図 6.18　インターネット

IP アドレスとドメイン名を関連づけて、ドメイン名から IP アドレスを求めたり、逆に IP アドレスからドメイン名を求めたりするシステムが DNS（Domain Name System）です。このシステムを利用することで、私たちは覚えやすいドメイン名を指定することで、必要なコンピュータを特定することができ、そのコンピュータと情報を送受信できることになります。

このような仕組みによってインターネット上では、コンピュータの機種の違いに関わりなく、さまざまなコンピュータと通信を行うことができます。

**【インターネットではなにができるのでしょうか】**

**①データ転送**

「電子メール」や「ファイル転送」などのデータ転送が、特定のコンピュータ間でできます。

**②情報分配**

「ネットニュース：インターネットユーザが自由に読み書きできる新聞のようなもの」や「WWW（World Wide Web）：文字情報、音声、画像、動画などを扱えるインターネット上の代表的な情報検索システム」などの情報を、不特定多数のユーザに伝達する機能です。

**③情報検索**

情報のありかをわかりやすく教える代表的なツールの WWW などを使用して行います。

**④会議・討論**

映像や音声を使用して、テレビ会議や討論、さらにはマルチメディア会議ができます。

**⑤遠隔操作**

離れたところにあるコンピュータを手元の端末装置から操作する機能です。

**<インターネットへの接続方法>**

コンピュータがインターネットに参加するには、インターネットに既に参加しているネットワークに接続します。大学や企業など団体の場合には、専用線と呼ばれる回線を利用します。一般家庭の場合には公衆回線（電話回線、ISDN 回線、光ファイバケーブル、同軸ケーブルなど）を利用します。

一般的にインターネットへの接続は、**インターネット・サービス・プロバイダ**（Internet Service Provider：ISP）と呼ばれる回線接続業者を介して行います。

**<イントラネット（Intranet）>**

イントラネットは、インターネット技術を利用した学校内や企業内の情報システムです。WWW サーバを内部ネットワークの中心に置いて業務上の情報を交換します。

社内からは、外部のインターネットの WWW 情報を自由に利用できますが、外部からはファイアウォール（防火壁）があるために、社内の WWW サーバにはアクセスできないようにしています。

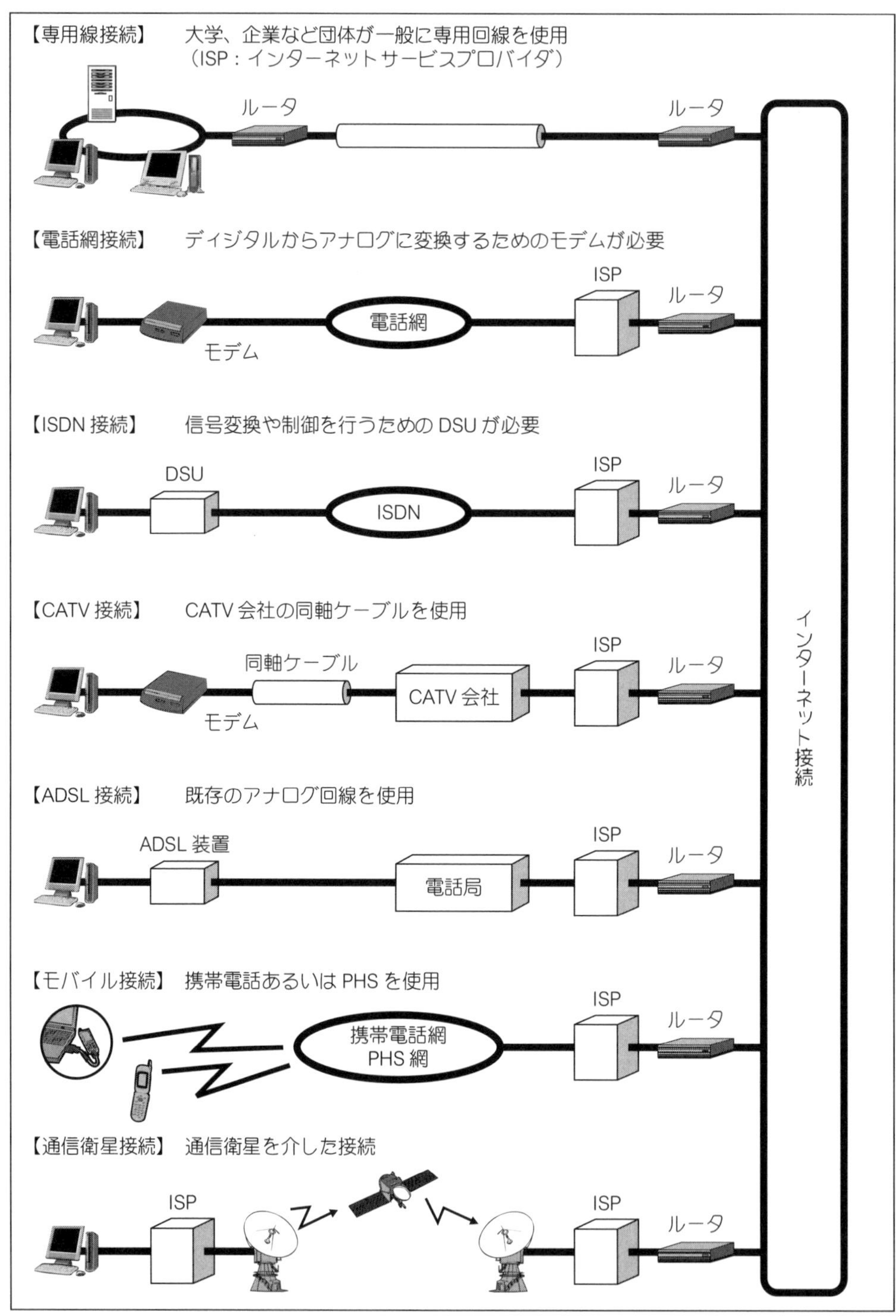


図 6.19　いろいろなインターネットへの接続法

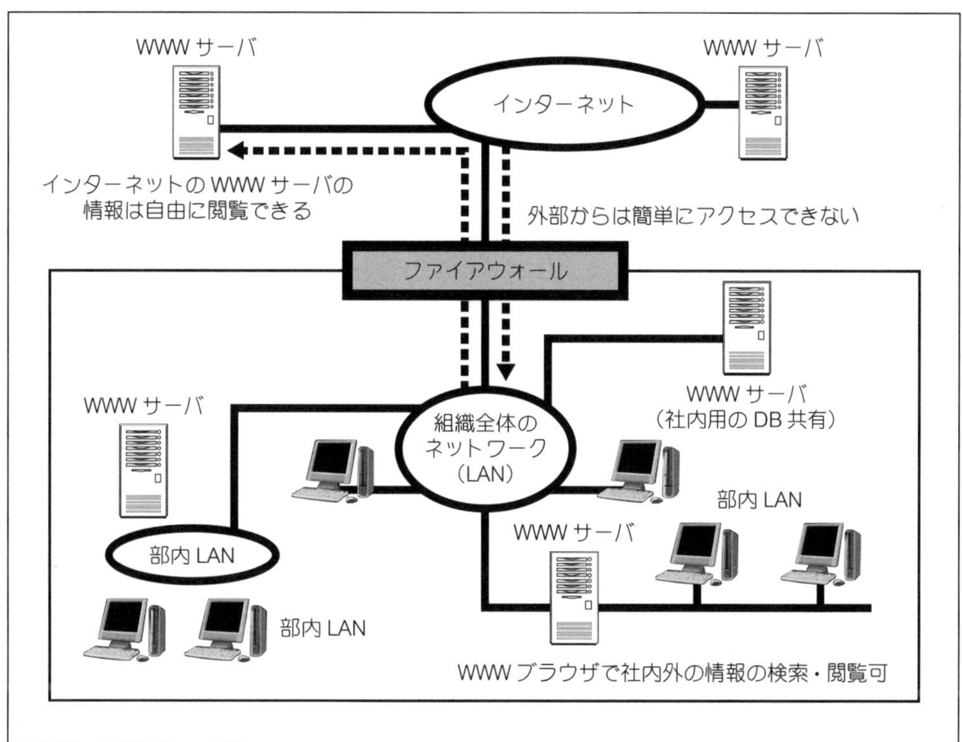


図 6.20　イントラネット

## ＜インターネット電話＞

パソコンにつないだマイクとスピーカを使って、インターネット回線を通じてパソコン間の会話をします。通話料は主にサービス利用料だけの低料金で済み、国際電話もかけられます。音声はパケットに変換され、サーバを何回も経由して送られます。

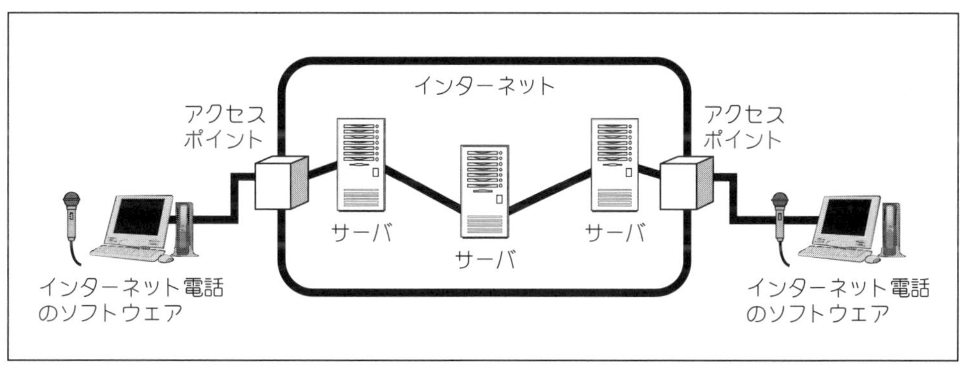


図 6.21　インターネット電話

# 6.4 情報セキュリティ

コンピュータはさまざまなプログラムを実行できますが、悪意を持ったプログラムを実行することによって、自らを破壊することもあります。ネットワークにつながったコンピュータに悪意を持ったユーザが侵入することで、コンピュータ内に保存された情報が漏洩したり、他のコンピュータへの攻撃の踏み台となったりすることもあります。コンピュータを守るために実施することについて学びます。

**<情報セキュリティ>**

情報セキュリティとは、コンピュータを安心して使い続けるために必要な対策をとることです。情報セキュリティは情報の機密性（情報へのアクセスを認められた人だけがその情報にアクセスできる）、完全性（情報が破壊、改竄、消去されていない）、可用性（情報へのアクセスを認められた人が、必要なときに中断することなく情報にアクセスできる）を維持することと定義されています。

**<ネットワークの脅威>**

ネットワークに接続することでコンピュータに生じる脅威には以下のようなものがあります。

- ウイルスやマルウェアの侵入：電子メールや Web ページの閲覧によって、コンピュータに勝手に悪意を持ったプログラムが侵入することがあります。こうしたプログラムをウイルスやマルウェアと呼びます。コンピュータ内のファイルに感染し他のコンピュータも感染させる自己増殖や、大事なデータを外部に送信する情報漏洩を引き起こしたりします。また外部からコンピュータを操作するためのバックドアという仕組みを作成したり、ファイルの消去や改竄といった破壊行為を行ったりするものもあります。
- 不正アクセス：不正アクセスとは本来権限を持たない者がコンピュータ内部への侵入を行う行為のことです。OS や他のソフトウエアの脆弱性（セキュリティ上の欠陥）や設備の不備を突いて攻撃されます。コンピュータから情報を盗まれたり、ウイルスを感染させられたりすることがあります。また他のコンピュータへの攻撃の踏み台にされてしまうケースもあります。

**<セキュリティ対策>**

コンピュータを守るための対策には、以下のようなものがあります。

- ウイルス対策ソフトの導入：ファイルやデータに仕掛けられたウイルスを発見するソフト

ウエアを用いて感染状況を確認し、もし感染してしまっていたら駆除することができます。ウイルスはウイルス定義ファイルによって判別されるので、ウイルス定義ファイルの最新化が必要です。

- ソフトウエアの最新化：脆弱性が発見されたソフトウエアはメーカによって修正プログラムが配布されるので、それに合わせてコンピュータのプログラムも最新化する必要があります。サポート期間が切れたソフトウエアは更新されないので、利用に注意が必要です。
- ファイアウォールの導入：ネットワークの入り口にファイアウォールを設けて、内部のコンピュータやネットワークに対する外部からのアクセスを制限し不正な侵入や攻撃を防止することができます。
- データの暗号化：機密性の保持を目的に、コンピュータに保管しているデータや通信するデータを第三者から守るために暗号化します。通信路を暗号化してデータを守る方法もあります。
- 認証の強化：コンピュータや個々のソフトウエアを使用する際に、認められたユーザであることを認証という仕組みで確認します。パスワードによる認証が一般的ですが、顔や指紋などを用いた生体認証や、認証を２パターンで行う２段階認証、別の認証方法と組みわせた多要素認証などにより、認証を強化することができます。
- 電子署名：電子証明書を用いた署名により、ファイルの改竄やアクセスのなりすましを防止します。秘密鍵と公開鍵のペアの鍵を用いた公開鍵暗号方式が用いられます。

**＜情報の取り扱いに関する注意点＞**

- ヒューマンエラーの回避：電子メールの送り間違いや情報機器の紛失、記憶媒体の廃棄方法の誤りなど「つい、うっかり」の過失で情報漏洩することがあるので注意が必要です。
- プライバシーの尊重：自分や知人の個人情報を不用意に公開しないことが必要です。いったん情報が出てしまうと取り返しがつかなくなることがあります。

# 第6章　演習問題

1．アナログ信号をディジタル信号に変える原理について述べよ。

2．ディジタル信号をアナログ信号に変える原理について述べよ。

3．次の記述のうち、正しいものはどれか。

ア　データ通信ネットワークは、データ端末でつくられるディジタルデータをアナログ専用線やディジタル専用線を利用して他の端末に伝送するネットワークである。

イ　ISDN はアナログデータやディジタルデータなどすべてのデータを扱えるようにした統合サービスネットワークである。

ウ　LAN は同一構内、同一建物内などに分散したコンピュータやファクシミリ、電話などを接続して構成した私設のネットワークであり、誰でも自由に構築できる。

エ　B-ISDN は ISDN の機能に加えて、テレビ映像や超高速データも扱えるように機能拡張した ISDN である。

オ　パソコン通信システムは、音声、静止画、動画などの情報を伝送する通信ネットワークで、インターネット・サービス・プロバイダを通じて、他のコンピュータに情報を伝送する。

カ　インターネットは LAN のようなローカルネットワークを、専用線で次々と結んでいって広い地域をカバーできるようにした世界規模のネットワークである。

キ　インターネットでは、TCP/IP を使用していないので、コンピュータの機種によって情報を変換するソフトウエアが必要である。

ク　イントラネットは、インターネット技術を学校や企業などの内部のシステムに適用した情報システムである。

4．インターネットでできることについて述べよ。

5．B-ISDN について述べよ。

6．イントラネットについて述べよ。

7．情報セキュリティの必要性について述べよ。

# 第 7 章 コンピュータの利用

わたしたちは、日常生活や社会生活の中で、コンピュータをいろいろな場面でさまざまな形で利用しています。ここでは、コンピュータの利用の仕方についてみていきます。

## 7.1 電化製品としての利用

第 1 章でも学びましたが、日常生活で使っている電化製品のほとんどには、「マイクロプロセッサ」と呼ばれる小型化したコンピュータが組み込まれていて、わたしたちは何気なくコンピュータを利用しています。例えば、炊飯器、洗濯機、電子レンジ、エアコン、テレビ、ブルーレイレコーダー、CD プレーヤー、電話機、携帯型電話機、FAX、各種ゲーム機などがあげられます。

## 7.2 ソフトウエアパッケージとしての利用

ソフトウエアパッケージ（Software Package）はパッケージソフトウエア（Package Software）ともいい、利用度の高い分野について、多くの人が同じ目的に使えるように商品として提供されるソフトウエアです。ソフトウエアパッケージには次のようなものがあり、パーソナルコンピュータなどを用いて使用します。

- システム系
  - 基本ソフトウエア ・・・ オペレーティングシステムなど
  - ワープロソフト
  - 表計算ソフト
  - データベースソフト
  - パソコン通信ソフト
  - ・・・
  - ・・・
- アプリケーション系
  - 業務パッケージ ・・・ 財務会計、給与計算、顧客管理、在庫管理など
  - 業種パッケージ ・・・ 酒屋、スーパーマーケット、家電店、薬局、飲食店、衣料品店、美容院など
  - その他 ・・・・・・・ 教育、ゲーム、音楽や画像・映像の編集・再生など

**●表計算ソフト**

①表計算機能（表の中に数値や数式を書き込むと、自動的に計算が行われる）

②グラフ機能（表として作成されたデータを簡単にグラフ化する）
③データベース機能（表中の大量のデータから必要なデータを簡単に検索する）
などの機能を備えたソフトウエアのことです。

**●データベースソフト**

相互に関連のあるデータを重複しないように集めて、その内容を構造化し、検索や更新などの多目的な利用が効率的にできるようにしたソフトウエアです。
データベースには次のようなものがあります。
①利用者が作る個人のデータベース
②企業や機関が作る独自のデータベース
③情報サービス業者がデータを提供する商用データベース

**●パソコン通信ソフト**

パソコン同士の通信、電子掲示板、電子メール、データベースアクセス、チケット予約、ショッピング、クレジットカードによる決済などができるようにしたソフトウエアです。

# 7.3 ネットワークを介しての利用

複数のコンピュータを接続したコンピュータネットワークを介して、次のような利用が行われています。

### <インターネット>

**(1)WWW**

WWW（World Wide Web）は「世界中に広がったクモの巣」という意味で、WWW 用のソフトウエアである WWW ブラウザの働きによって、利用者はインターネット上に存在する情報がどこにあるかを意識することなく、簡単な操作で検索・表示させることができます。ここで表示されるページを Web ページといい、Web ページの先頭にあって概要や目次などが記述されているページをホームページと呼んでいます。プロトコルには HTTP を用います。
WWW を構成する技術を Web 技術と呼びますが、この後にあげる他のサービスも Web 技術を使って実現されるようになってきています。

**(2)電子メール**

インターネット、パソコン通信、LAN などのユーザ間で交わすメッセージ、またはそれを実行するシステムのことです。複数の宛先に同時配信するメーリングリスト（ML）も情報の伝達やコミュニケーションに使われます。メール送信プロトコルには SMTP を用います。

### (3)電子ニュース

特定のテーマについて、利用者相互間で意見を交換する掲示板のことです。NNTP というプロトコルを用いて、記事を配信します。

### (4)チャット（chat）

インターネットに同時に接続している利用者同士が、直接メッセージ交換を行い、会話することです。IRC（Internet Relay Chat）という仕組みが有名です。

### (5)電子会議

ネットワーク上で複数の参加者が映像、音声を使って会議をするシステムです。WWW を使ったものは Web 会議と呼ばれます。会議に便利な資料共有や画面共有などのツールも用意されており、参加者は実際の会議と同様に議論することができます。

### (6)ファイル転送

ファイル転送は、ゲームからビジネスまでさまざまなソフトウエアを、インターネットを介して提供するもので、ソフトウエア販売業者によるソフトウエアの他、次のようなソフトウエアも提供しています。Anonymous FTP（匿名 FTP）という仕組みも用いられます。

PDS（Public Domain Software）：著作権を放棄したソフトウエア
フリーウエア：著作権自体は制作者が持っているが、無料で配布されるソフトウエア
シェアウエア：試用や配布することは自由であるが、継続して使用する場合に費用を支払う必要のあるソフトウエア

### (7)情報検索

新聞社のニュースや企業情報、特許情報など業者が有料で提供するデータベースサービスを商用データベースといい、インターネットを介してこの商用データベースの情報を検索することができます。下表のサービスは、かつて専用回線や電話回線を使ってシステムに直接接続する形でサービス提供されていましたが、現在は WWW を用いてサービス提供されています。

表 7.1　情報検索サービス

| サービスシステム名 | 内　容 |
| --- | --- |
| 日経テレコン | 新聞記事情報、企業情報、雑誌、図書 |
| J-Stage | 科学技術文献情報 |
| J-PlatPat | 特許情報 |
| ELNET | 国内新聞雑誌記事情報 |
| Dialog | 科学技術、産業、経済情報 |
| COSMOS | 企業情報、個人情報 |
| 日経 NEEDS | 企業財務情報 |
| G-Search | 新聞記事情報、企業情報、雑誌、図書 |
| STN | 国際科学技術情報 |

**(8)SNS(Social Networking Service)**

ネット上で人と人とをつなぎ、コミュニティを形成するサービスです。会員制でクローズドなコミュニティでのやりとりだけでなく不特定多数とのコミュニケーションをとることができます。誰でも情報発信をすることができるので、情報の流布に便利に使える一方、情報の取り扱いに危うさがつきまとうので、利用する際には注意が必要です。

**(9)映像配信**

テレビ放送のように番組コンテンツが提供されるサービスです。放送局やネット配信事業者がコンテンツを配信するサービスや、一般のユーザがコンテンツを作成して配信するサービスがあります。Web ブラウザを使って表示することができるので、簡単にサービスを受けることができます。

**(10)e コマース(EC)**

ネットショッピングのことです。WWW ブラウザやアプリケーションを使って、インターネット上に出店したショッピングモールや店舗で、商品を閲覧して選択、購入することができます。クレジットカードや電子マネーを使ってオンラインで決済することも可能になっています。

**＜SOHO (Small Office / Home Office)＞**

ネットワークを介し社内外の資源を有効に活用して、業務を行う小規模なオフィスです。

**(1)サテライトオフィス**

都市近郊の環境の良いところや社員の自宅近くに、小規模なオフィスを設けて、ここに通勤して仕事を行う分散型オフィスのことをいいます。

**(2)在宅勤務**

自宅に情報機器を設置し、情報通信技術を利用して、会社に出勤しないで自宅で仕事を行うことをいいます。

**＜仮想通貨＞**

電子データのみでやり取りされる通貨で、国家や中央銀行のような管理主体を持たないことが特徴です。仮想通貨を扱うユーザ間で分散台帳(ブロックチェーン)技術を使ってトランザクション(取引データ)を管理することによって通貨の価値を担保しています。代表的なものにビットコインがあります。仮想通貨を含むネットを使った金融関連の技術は Finance と Technology を組み合わせた造語で Fintech と呼ばれています。

# 7.4 情報処理システムとしての利用

日常生活や社会生活のいろいろな場面で、コンピュータはシステムに組み込まれた形で利用されます。

●**システム**：ある目的のために組織化した機能の総体のこと。個々の構成要素が目的に対し秩序ある動きをするように結合した集合で、個々の部分で果たせない機能をシステム全体で実現する。

**＜社会システム＞**

**(1)予約サービスシステム**

さまざまな予約を迅速、正確、平等に行うシステムで次のようなシステムがあります。

座席予約システム：列車、航空機、船など乗り物の座席予約

チケット予約システム：映画館、劇場、会場などで実施されるイベントの座席販売予約システム

ホテル予約システム

**(2)金融関連システム**

金融に関連するシステムで次のようなものがあります。

**①銀行情報システム**

A) 業務系システム

顧客に直接関係する預貸業務や資金証券業務などの業務を行うシステム

B) 事務系システム

銀行の各種事務処理を行うシステムで、営業店システム、集中センターシステムなどに分けられます。

C) 情報支援システム

各システムから得られたデータを加工・分析し、管理的な情報を提供するシステムです。

**②ANSER システム**

金融取引の照会通知業務の問い合わせ応答システムです。

**③金融ネットワークシステム**

金融機関相互を結ぶ金融ネットワークシステムで、次のような代表的なものがあります。

A) 日本銀行ネットワークシステム

日本銀行が構築・運営するシステムで、日本の金融機関全体の事務処理の効率化をはかるものです。

B) 全国銀行データ通信システム

他銀行に対する振り込みなどを処理するために、金融機関相互の内国為替取り引きに関する通知の受発信や為替決済の算出などを行います。

C) SWIFT（The Society for Worldwide Inter-bank Financial Telecommunication）

加盟金融機関の国際金融取り引きに関する通信業務などを行います。

### ④CD／ATM

A) CD（Cash Dispenser）

現金自動支払機のことで、現金の引き出しと残高照合を行うシステム

B) ATM（Automatic Teller Machine）

現金自動預払機のことで、CD に現金の預入や振り込みなどの機能が追加されたシステム

C) MICS：全国キャッシュサービス

金融機関相互のオンライン提携によって、地域・業態を超えた CD／ATM の相互利用を可能にしたシステム

### ⑤エレクトロニックバンキング（Electronic Banking）

金融機関のコンピュータと企業や個人のコンピュータや端末とを結んで、電子的に資金の移動や残高照会などを行うことです。

●**端末**：データが発生する遠隔地に置いて、使用の対象となる業務に適するように作られた入出力装置のこと

### ⑥銀行 POS

金融機関のコンピュータとスーパーマーケットなどの企業の端末を結んで、売上代金を顧客の預金口座から企業の預金口座に付け替えるシステムのことです。顧客の代金の支払いは、買い物代金の支払いを可能にしたデビッドカードと呼ばれるキャッシュカードが利用されます。

### ⑦カードシステム

顧客に対するサービスと顧客情報の管理のためにさまざまなカードシステムが実用化されています。

A) ポイントカード（Point Card）

会員登録をした顧客に対して、買い上げ金額に応じたポイントをカードに累積記録し、ある程度まとまると累積ポイントに応じたサービスを提供するものです。ポイントを支払いに充てるサービスもあります。

B) プリペイドカード（Prepaid Card）

代金前払いカードシステムです。

C) クレジットカード（Credit Card）

代金後払いカードシステムです。分割払いなど決済方法の多様化が行われています。

D) デビッドカード（Debit Card）

買い物代金の支払いをできるようにした銀行のキャッシュカードです。

**⑧電子マネー**（Electronic Money）

1) クレジットカードと同じようなICカードを現金の代わりに利用するもので、専用端末からICカードに記録されている金銭を入出金することができます。

2) インターネット上のオンラインショッピングには、プリペイド方式のウェブマネーが使えますが、残額はカード発行会社のコンピュータに記憶されます。

**⑨電子決済**

現金の受け渡しをせずに電子データの送信で決済処理をすることです。ネット上でのEC だけでなく、実店舗でも前述したカードシステムや電子マネーを使って決済することができます。スマートフォンのアプリケーションを使ってバーコードやQRコードによる認証で決済を行うサービスもあります。

### (3)高度道路交通システム

このシステムはITS（Intelligent Transport System）ともいい、道路と自動車に情報システムを装備して、双方向で情報交換を行って交通の流れを円滑にし、事故の予防や渋滞の回避、公害の低減などを図ろうとするシステムで、以下のようなものがあげられます。

①高速道路自動料金徴収システム

②衝突防止システム

③道路交通情報システム

### (4)自治体情報提供システム

自治体による主な情報提供システムには次のようなものがあります。

**①地域情報ネットワーク**

地方公共団体の提供するシステムです。

A) 公共施設案内・予約システム

家庭のファクシミリ、テレビゲーム機、パーソナルコンピュータなどから公共施設の案内の受信や利用予約ができるようにしたシステム

B) 生活情報提供システム

各種統計、行政サービス（市民施設の利用、自治体経営住宅）など限られた生活情報を提供するシステム

C) 図書館情報ネットワークシステム

自治体の図書館情報を得られるシステム

D）地域カードシステム

住民に IC カードを発行して、図書館の利用、救急医療、老人福祉、保健衛生などの情報を一元化的に管理するシステム

**②地域衛星通信ネットワーク**

通信衛星を利用して、地域の防災無線やふるさと情報の発信による地域の活性化、自治体間の行政情報の交換などを行います。

**(5)緊急医療システム**

消防署や病院をコンピュータで結び、急病人に対して主として救急病院を手配するシステムです。

**(6)気象情報システム**

気象台で観測されたデータやアメダス、ひまわりといった気象観測システムで取得されたデータを提供するシステムです。気象庁のデータだけでなく、自治体等が独自に気象観測装置を設置してデータ提供するシステムもあります。

**(7)地理情報システム**

空間上の地点や位置、それらに関連付けられた地理空間情報を使って地図による可視化や情報の管理、検索などを行うシステムです。GIS（Geographic Information System）と呼ばれます。

**(8)法律情報システム**

判例や論文、評釈を関連づけて利用できるようにしたシステムです。

**＜ビジネス関連システム＞**

ビジネスに関連したシステムには次のようなものがあります。

**(1)会計情報システム**

企業内情報システムのうち、企業会計情報を記録、蓄積、分析、提供するシステムで、取り扱いの対象は、(A) 財務的情報、(B) 取引きデータ、(C) 前者から得られる経営情報です。

**(2)POS（Point Of Sales）システム**

販売時点管理システムのことで、電子式金銭レジスタ、バーコード読み取り装置、クレジットカードの自動判別装置などの機器をコンピュータに連動させ、商品データを管理するシステムです。スーパーマーケットやコンビニエンスストアなどに多く利用され、商品の管理だけでなく、売れる商品と売れない商品を見つけ出すなどの働きもします。

**(3)EOS（Electronic Ordering System）システム**

電子受発注システムともいい、小売業と卸売業や製造業との間の受発注の業務をコンピュータで行うシステムです。このシステムでは、商品の発注をコンピュータによってオンライン

で行い、相手の企業はこれをコンピュータのデータの形で受注してコンピュータ処理を行います。またこのシステムでは、発注伝票や受注伝票を作成する必要がなく、取引データの受け渡しが自動化されて、正確で迅速な受発注ができ、手続きも簡素化されて省力化にもつながります。

### (4)在庫管理システム

コンピュータを用いて適切な在庫管理を行うシステムです。このシステムでは、POS システムや EOS システムと連動させて、販売管理や受発注と一体となった在庫管理を行う場合もあります。

### (5)顧客管理システム（CRM: Customer Relationship Management System）

個々の顧客の属性情報や購買情報などを管理して、顧客との関係性を深め、顧客の維持・拡大を目指すシステムです。さまざまな切り口で分析して情報を可視化することで、ターゲティングを行ったり、次のアクションの検討をしたりすることができます。

### (6)ERP（Enterprise Resource Planning）

販売管理、生産管理、購買管理、会計管理、営業管理、人事給与管理などの業務を結びつけ、一元的に管理するシステムです。業務の効率化だけでなく経営情報の可視化をすることもできます。

### (7)オフィスオートメーションシステム（Office Automation System）

オフィス内の情報処理機構を機能的に結びつけて、オフィス業務の合理化、省力化を図り、生産性の向上や経営の改善を目指すシステムです。最近ではパーソナルコンピュータを端末として、プリンタ、電子ファイル、ファクシミリなど各種 OA 機器を LAN で結び、情報を総合的に管理する統合システムがあります。

### (8)電子出版システム

出版社や新聞社での書籍、雑誌、新聞などの編集から印刷まで一貫してコンピュータ処理します。

### (9)企業間ネットワーク

企業間ネットワークには次のようなものがあります。

#### ①業界ネットワーク（業界 VAN）

業界ごとにネットワークを構築し、メーカ間、メーカと卸売業、メーカと小売業間でデータを交換する。その主な内容はオンライン受発注や在庫管理サービスなどで、日用雑貨業界や薬品業界、時計業界、眼鏡業界、レコード業界などで利用されます。

●**VAN**（Value Added Network）**付加価値通信網**：電話網やテレックス網などを借り受けて、その基本伝送サービスに加えて、異機種コンピュータ相互の接続サービス、メールボックス機能、データベースなどの通信処理サービスのことをいいます。

**②地域ネットワーク（地域 VAN）**

地域問屋ネットワーク：特定地域内の問屋と小売店の間で受発注データなどの交換を行うネットワーク

商店街ネットワーク：商店街のクレジットカードの取り扱いやサービスカードの発行・運用などを行うネットワーク

**<エンジニアリングシステム>**

**(1)ファクトリオートメーションシステム（Factory Automation System）**

自動制御による機械を用いて、生産の自動化をはかるシステムです。部品の設計段階からコンピュータを使用し、製造段階においてはロボットによって、運搬、組立、検査、梱包、出荷までを自動化したシステムもあります。

**(2)NC 工作機械**

NC(数値制御)を組み込んで、あらかじめ加工する形状などの数値データを設定しておいて、これにしたがって自動的に製品をつくる機械です。

**(3)CAD（Computer Aided Design）**

コンピュータ支援による設計です。CAD ではグラフィックディスプレイを用いて、会話形式で部品の形状設計や製図などを行います。

**(4)CAM（Computer Aided Manufacturing）**

コンピュータ支援による生産です。CAM では CAD で得られた設計から、NC 工作機械の指令データや自動組み立て装置の制御データを作成します。

**(5)CAE（Computer Aided Engineering）**

概念設計やその解析評価の段階のコンピュータ支援をいいます。

**(6)CALS（Continuous Acquisition and Life-cycle Support）**

生産・調達・運用支援統合システムともいいます。コンピュータとネットワークやデータベースを組み合わせて、製品の製造から管理までを一元化するシステムの総称です。

**(7)CIM（Computer Integrated Manufacturing）**

経営戦略から生産までをコンピュータによって統合し、一貫した情報システムとして構築したものです。

# 7.5 これからのコンピュータ

ここまで見てきたようにコンピュータはさまざまな形で利用されています。コンピュータが生活に溶け込んでいるので、特にコンピュータを使っていると意識せずに使っている場面もあるのではないかと思います。最後にこれからのコンピュータの利用法について考えていきます。

**＜人工知能（AI）＞**

さまざまな業務や処理を自動化したり機器を便利に使えるようにしたりすることに AI 技術が用いられています。AI はコンピュータに人間の知的行動を代行させる技術として研究開発が進められており、様々な分野での応用が期待されています。例えば、家電製品に組み込んでエアコンの温度管理やオーブンレンジの調理など身近な分野での利用や、監視カメラ画像の自動人物認識、自動車の自動運転やロボットの制御などの先進的な分野での応用も進められています。

AI 研究の盛り上がりには波があります。1950 年代後半から 1960 年代の第 1 次 AI ブームではコンピュータによる探索や推論ができるようになり、明確なルールを持つ問題を解けるようになりましたが、現実の複雑な問題が解けませんでした。1980 年代の第 2 次 AI ブームでは、コンピュータに知識を与えることで、専門家のように問題に対処するエキスパートシステムの開発が進められましたが、知識を管理する難しさから実用化が進みませんでした。2000 年代からの第 3 次 AI ブームでは、ビッグデータと呼ばれる大量のデータとディープラーニング（深層学習）によるコンピュータが自ら知識を獲得する機械学習の発展、およびコンピュータの高速化により、実用レベルで AI の利用ができるようになり、さまざまな分野での AI の応用が進んでいます。

**coffee break**

AI が進化して人間の知能を超えるでしょうか。シンギュラリティ（技術的特異点）は、汎用の AI が再帰的に機械的知性を更新して、自ら人間より賢い知能を生み出すことができる時点であり、2045 年がそのときであるというレイ・カーツワイルによる予測があります。その理由として技術が指数関数的に進化するという収穫加速の法則があげられています。一方でハードウエアの進化については、半導体の集積率は 18 か月ごとに倍になるという 1965 年に提唱されたムーアの法則は 2010 年代に成り立たなくなりました。さて、この後 AI はどんな進化を遂げるのでしょうか。

**＜モノのインターネット（IoT）＞**

インターネット技術の発展とセンサーデバイスの進化により、さまざまなモノがインターネットにつながってきています。**IoT**（Internet of Things）はモノのインターネットとも呼ばれますが、センサーや家電製品といったモノがインターネットを使って通信する技術です。IoT によって、モノを遠隔で制御できるようになり、例えば外出中に自宅のエアコンや照明をつけることができます。またモノの状態を確認できるので、センサーを用いていろいろな場所の温度や湿度、気圧などを測定することができます。ガスや水道の使用量を測定できるスマートメータも実用化されています。さらにモノどうしで通信ができるので、センサーから取得した情報に合わせて機器を制御することもできます。

AI と IoT を組み合わせた、さまざまな「スマート」機器も普及してきています。スマート家電はスマートフォンから家電を制御でき、スマートホームは日常生活のさまざまな営みを自動化した住まいです。スマートスピーカは話しかけることで回答を返してくれたり、機器を制御したりすることができます。他にもスマートリモコン、スマートプラグ、スマートロックなど自動制御によって生活を便利にする機器があります。

# 第7章　演習問題

1．オンラインサービスについて述べよ。

2．SOHO について述べよ。

3．次の記述のうち正しいものはどれか。

ア　CD（Cash Dispenser）は現金自動預払機のことで、現金の引き出しや残高照会を行うシステムである。

イ　プリペイドカードとは代金後払いカードシステムである。

ウ　デビッドカード（Debit Card）は、買い物代金の支払いをできるようにした銀行のキャッシュカードである。

エ　電子マネーは、IC カードを現金の代わりに利用するもので、専用端末から IC カードに記録されている金銭を入出金できる。

オ　POS システムは、電子受発注システムともいい、小売業と卸売業や製造業との間の受発注業務をコンピュータで行うシステムである。

カ　CAM はコンピュータ支援により設計を行うシステムである。

キ　CALS は、生産・調達・運用支援統合システムで、コンピュータとネットワークやデータベースを組み合わせて、製品の製造から管理までを一元化するシステムである。

ク　ATM は、現金自動預払機のことで、現金の預け入れや振り込みなどの機能をもつシステムである。

ケ　オフィスオートメーションシステムは、オフィス内の業務を専用のソフトウエアを用いて自動的に処理するシステムである。

コ　CAD は、コンピュータ支援により生産を行うシステムである。

サ　ファクトリオートメーションシステムは、自動制御による機械を用いて、生産の自動化をはかるシステムである。

4．企業で使われる情報システムを列挙せよ。

5．インターネットを使って実現される情報システムについて述べよ。

# 演習問題略解

## ［第2章］

1．　与えられた10進数を2で割って商と余りを求め、その商を再び2で割って商と余りを求め、これを商が0になるまで繰り返します。そして求められた余りを逆に並べると2進数が得られます。

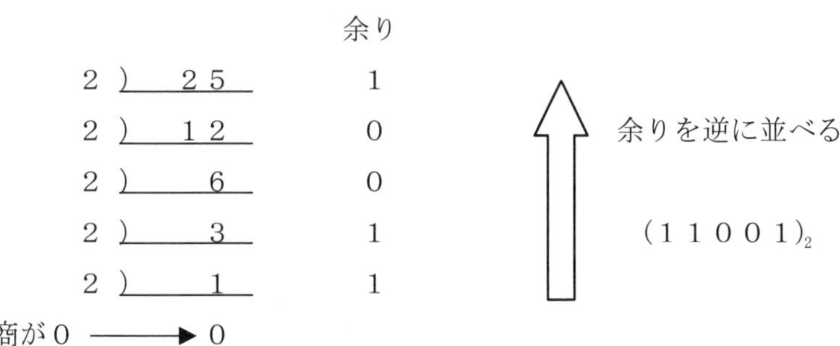


2．　16進数への変換は、与えられた10進数を16で割っていきます。

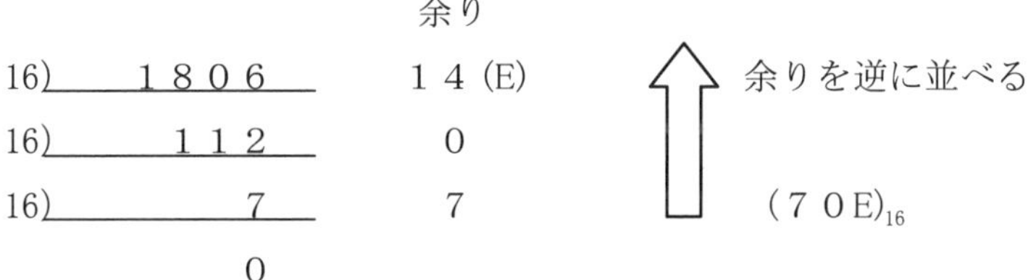


3．　2進数への変換は各桁の重みをかけて、和を求めれば得られます。

$(1100.11)_2$

$= 1\times 2^3 + 1\times 2^2 + 0\times 2^1 + 0\times 2^0 + 1\times 2^{-1} + 1\times 2^{-2}$

$= 8+4+0+0+0.5+0.25 = (12.75)_{10}$

4．　20を2進数へ変換して、その数を8桁の最大数に1を加えた数から引いて求めます。

$20=16+4 \Rightarrow 2^4+2^2$

1 0 1 0 0（↑ $1\times 2^4$、↑ $1\times 2^2$）

| 8桁の最大数＋1 | 100000000 |
|---|---|
| −) | 10100 |
| | 11101100 |

$\therefore\ (-20)_{10} = (11101100)_2$

## [第3章]

1．　ア、エ、オ　　　　2．　イ、オ　　　　3．　ウ、エ　　　　4．　エ
5．　イ　　　　6．　ウ、エ　　　　8．　イ、ウ、エ

## [第4章]

1．　イ、エ　　　　2．　ア、ウ　　　　3．　イ、ウ

## [第5章]

1．　イ、エ、オ　　　　3．　ア、ウ　　　　4．　ア、イ

## [第6章]

3．　ア、ウ、エ、カ、ク

## [第7章]

3．　ウ、エ、キ、ク、サ

# 参考文献


「コンピュータシステムの基礎」　宮沢修二他著　アイテック（1997年）

「ハードウエアとソフトウエア」　子安由紀子著　日本経済新聞社（2002年）

「図解でわかるサーバのすべて」　小泉　修著　日本実業出版社（1999年）

「通信のしくみ」　井上伸雄著　日本実業出版社（2000年）

「半導体の基礎理論」　堀田厚生著　技術評論社（2002年）

「図解 コンピュータ概論」　橋本洋志、冨永和人、松永俊雄、小澤　智、木村幸男著　オーム社（2000年）

「情報の表現とコンピュータの仕組み」　青木征男著　ムイスリ出版（2002年）

「基礎コンピュータ工学」　淺川　毅著　東京電機大学出版局（2002年）

「標準コンピュータ教科書」　河村一樹、定平　誠、新田雅道著　オーム出版局（1997年）

「マルチメディア情報学2」　長尾真著　岩波書店（2000年）

「情報の表現」　西尾章治郎、横田一正、北川博之、石川桂治、有川正俊、井田昌之著　岩波書店（2000年）

「情報科学の基礎論への招待」　小倉久和著　近代科学社（1998年）

「IPSJコンピュータ博物館」　情報処理学会歴史特別委員会編（2003年）

# 索 引

## た

## な



## は

## ま

## 著者紹介

**田中　清**（たなか　きよし）

大妻女子大学社会情報学部　准教授

博士（工学）（大阪大学）

**本郷　健**（ほんごう　たけし）

大妻女子大学社会情報学部　教授

学術博士（埼玉大学）

2003 年 4 月 22 日　初　版 第 1 刷発行
2008 年 3 月 17 日　第 2 版 第 1 刷発行
2021 年 4 月 14 日　第 3 版 第 1 刷発行

**コンピュータの基礎［第３版］**

著　者　田中　清／本郷　健　©2021
発行者　橋本豪夫
発行所　ムイスリ出版株式会社

〒169-0073
東京都新宿区百人町 1-12-18
Tel.(03)3362-9241(代表)　Fax.(03)3362-9145　振替 00110-2-102907

カット：MASH　ISBN978-4-89641-302-1 C3055